崧燁文化

U0078438

...忠、黃朝恭　著

風向、風速、溫溼度
整合系統開發(氣象物聯網)

A Tiny Prototyping Web System for Weather
Monitoring System (IOT for Weather)

自序

　　這本書可以說是我的書進入環境監控所寫的物聯網系統整合之專書，由於科技與趨勢，整個產業界由網際網路時代進入了物聯網時代，製造業也汲汲要轉進工業4.0，進入智慧生產的時代，面對未來物聯網的時代，幾乎每個裝置都希望能夠智慧化、自主化與網路化，然而在我們身邊，關係我們最深遠的還是健康相關的議題最為關鍵，當我們面對產業進步，企業發展，科技進步，環境汙染是免不了的副產品，關於環境監控，之前筆者有出版過幾本 PM 2.5 空汙偵測的空氣盒子相關電子書，本書則是氣象物聯網系統整合之實戰經驗分享，繼承第一本書：Ameba 風力監控系統開發(氣象物聯網)之後，在氣象網站硬體建置之後，筆者以風速、風向、溫溼度整合為主的氣象監控進行系統整合。

　　這幾年來，社會群眾的環境意識覺醒，對環境的污染與監控，也普遍提高，然而空汙直接影響居民的健康，在群眾自我覺醒的運動中，自造者結合的自造者運動(Maker Movement)，影響了許多科技人士，運用感測科技與資訊科技的力量，結合臉書社群的號召，影響了全民空汙偵測的運動，筆者也是加入的先鋒者之一，筆者發現，目前空汙偵測，仍缺少二項資訊，那就是風向與風速等參考資訊，如果這兩項資訊可以加入在環境監控的資訊之中，那在空汙資訊的大數據分析之中，將會將空汙的汙染軌跡數位化，對整個社會，將產生更大的效用。

　　筆者友人是清水吳厝國小 校長黃朝恭 先生，校址位於台中國際機場邊，也是清水的偏鄉學校，對於學子的健康與社區健康深感重要，委託筆者在該校內建立風速監測站，並透過物聯網的技術，將這樣的資訊網頁化，可以讓各地方的使用者查詢到該區域的風速資訊，鑑於如此，筆者將風速感測監控的技術分享給讀者，希望可以透過我的經驗號召更多有志之士，可以將環境監控的感測資訊提升到更圓滿的境界。

　　這七年多以來的經驗分享，逐漸在創客圈看到發芽，開始成長，覺得 Maker 的自學教育方式，極有可能在未來成為教育的主流，相信我每日、每月、每年不斷的努力之下，未來 Maker 的教育、推廣、普及、成熟將指日可待。

最後，請大家可以加入 Maker 的 Open Knowledge 的行列。

曹永忠 於貓咪樂園

目 錄

物聯網系列

本書是『物聯網系列』之『氣象物聯網』的第二本書，是筆者針對環境監控為主軸，進行開發各種物聯網產品之專案開發系列，主要是給讀者熟悉使用 Arduino MKR1000 開發板來開發物聯網之各樣產品之原型(ProtoTyping)，進而介紹這些產品衍伸出來的技術、程式攛寫技巧，以漸進式的方法介紹、使用方式、電路連接範例等等。

這幾年來，社會群眾的環境意識覺醒，對環境的污染與監控，也普遍提高，然而空汙直接影響居民的健康，在群眾自我覺醒的運動中，自造者結合的自造者運動(Maker Movement)，影響了許多科技人士，運用感測科技與資訊科技的力量，結合臉書社群的號召，影響了全民空汙偵測的運動，筆者也是加入的先鋒者之一，筆者發現，目前空汙偵測，仍缺少二項資訊，那就是風向與風速等參考資訊，如果這兩項資訊可以加入在環境監控的資訊之中，那在空汙資訊的大數據分析之中，將會將空汙的汙染軌跡數位化，對整個社會，將產生更大的效用。

清水吳厝國小 校長黃朝恭 先生，校址位於台中國際機場邊，也是清水的偏鄉學校，在 2017 年 12 月 28 日啟用逢甲大學校友會 捐贈給吳厝國小的「「逢甲牛罵頭小書屋」，逢甲大學校友會總會長施鵬賢表示，知識就是力量，希望孩童能從小培養閱讀習慣。

逢甲牛罵頭小書屋出生的緣起，由於逢甲大學建築系在校園發起建築公益活動回饋社會，「逢甲建築小書屋」的想法浮現雛型：到偏鄉部落及有需要的地方為小朋友們蓋書屋，深信「知識就是力量」！「深耕 50 前瞻 100」公益活動，目標偏鄉地區 100 座小書屋，臺中市清水區鰲峰山上的偏鄉小校，如下圖所示，何其有幸能成為逢甲小書屋 NO.6-牛罵頭小書屋。

為了能夠讓逢甲小書屋 NO.6-牛罵頭小書屋發揮更大的社會公益與學子安全，筆者與清水吳厝國小 校長黃朝恭 先生一同開發出風向、風速、溫溼度整合系統，所有的人都可以透過網際網路與手機 APP(預定開發)，可以隨時監看風向、風速、溫溼度等氣象資訊，未來在資源挹注之下，往後會再加入日照、紫外線(UV)、雨量、甚至地震感測器等多項感測功能，相信這樣的整合系統對於學子的健康與社區健康深感重要，鑑於如此，筆者將整個系統開發、建置、安裝與設定等經驗，分享餘本書內容，相信有心的讀者，詳細閱讀之，定會有所受益。

1

CHAPTER

使用風速偵測感測器

　　環境監控是物聯網開發中非常重要的一環，鑑於如此，筆者有出版 PM2.5 空汙偵測相關的電子書(曹永忠, 許智誠, & 蔡英德, 2016a, 2016b, 2016c, 2016d)與文章(曹永忠, 2016b, 2016c, 2016d, 2016e, 2016f, 2016g, 2016h, 2016i)，也開發與 LASS 社群相容的空氣盒子(Tsao, Tsai, & Hsu, 2016; 吳昇峰 et al., 2017; 柯清長, 2016; 陳昱夅, 2016)，整個空氣盒子專案，目前由中央研究院資訊科學研究所，陳伶志[1]博士(Ling-Jyh Chen　Ph.D.)(網址：https://sites.google.com/site/cclljj/)進行系統整合，讀者可以參閱網址：https://purbao.lass-net.org/。

　　這幾年來，社會群眾的環境意識覺醒，對環境的污染與監控，也普遍提高，然而空汙直接影響居民的健康，在群眾自我覺醒的運動中，自造者結合的自造者運動(Maker Movement)，影響了許多科技人士，運用感測科技與資訊科技的力量，結合臉書社群的號召，影響了全民空汙偵測的運動，筆者也是加入的先鋒者之一，筆者發現，目前空汙偵測，仍缺少二項資訊，那就是風向與風速等參考資訊，如果這兩項資訊可以加入在環境監控的資訊之中，那在空汙資訊的大數據分析之中，將會將空汙的汙染軌跡數位化，對整個社會，將產生更大的效用。

　　筆者友人是清水吳厝國小[2]校長黃朝恭[3]先生，校址位於台中國際機場邊，也是清水的偏鄉學校，對於學子的健康與社區健康深感重要，委託筆者在該校內建立風速監測站，並透過物聯網的技術，將這樣的資訊網頁化，可以讓各地方的使用者查詢到該區域的風速資訊，鑑於如此，筆者將風速感測監控的技術分享給讀者，希望可以透過我的經驗號召更多有志之士，可以將環境監控的感測資訊提升到更圓滿

---

[1] Ling-Jyh Chen,Research Fellow @ Institute of Information of Academia Sinica,address:128, Section 2, Academia Road,Nankang, Taipei 11529, Taiwan ,Phone: +886-2-27883799 ext. 1702,ax: +886-2-27824814 ,Email: cclljj@iis.sinica.edu.tw

[2] 臺中市清水區吳厝國民小學詳細資料 https://www.tc.edu.tw/school/list/detail/id/463

[3] 吳厝的阿恭校長 http://wu-tso-principal.blogspot.tw/

的境界。

風速感測器硬體介紹

筆者並不打算自行開發風速感測器，因為校正本身就是一門學問，加上防水、防曬、穩定與強固性，筆者打算採用工業級的產品簡化整個系統開發的困難度，由於資金有限，筆者於淘寶網(https://world.taobao.com/)找到商家：仁科測控(https://shop142026040.world.taobao.com/)的風速產品：風速變送器傳感器(產品網址：https://world.taobao.com/item/546227178355.htm?fromS-ite=main&spm=a1z09.2.0.0.1f30a53fRXDv88&_u=2vlvti9eb6b)，可以參考下圖所示：

(a).風速感測器　　　(b).風速感測器底部訊號電源接腳圖

(c).風速感測器上視圖

圖 1風速感測器產品圖

風速感測器硬體規格

筆者參考商家給的產品資料(下載網址：
https://github.com/brucetsao/eWind/tree/master/Doc，或參考附錄: RS-FS-N01 風速變送
器使用說明書（485 型）)，並將之轉成繁體字與修正一些語詞後，我們可以得到
下列的產品規格，RS-FS-N01 風速感測器(參考參考附錄: RS-FS-N01 風速變送器使
用說明書（485 型）)，外形小巧輕便，便於攜帶和組裝，三杯設計理念可以有效
獲得風速資訊，殼體採用優質鋁合金材質，外部進行電鍍與噴塑處理，具有良好
的防腐、防侵蝕等特點，並能夠保證風速感測器長期使用且避免生鏽現象，同時
可以保護內部的承軸，更提高了風速感測的精確性，其風速感測器可以被廣泛應
用於溫室、環境保護、氣象站、船舶、碼頭、養殖等環境的之風速測量。

風速感測器功能如下

- 有效範圍：0-30m/s，解析度 0.1m/s
- 防電磁干擾處理
- 採用底部出線方式、完全可以避免插頭橡膠墊老化問題，長期使用
  仍然防水
- 採用高性能進口承軸，轉動阻力小，測量精確
- 全鋁外殼，機械強度大，硬度高，抗腐蝕、可長期使用於室外且避
  免生銹
- 設備結構穩定及重量經過精心設計及分配，轉動慣量小，反應靈敏
- 標準 ModBus-RTU 通信協定，可配合工業上使用

如下表所示，我們可以得到風速感測器的產品規格，由於筆者選擇 RS485 介

面，使用 ModBus 通訊協定，可以讓開發更快，且可以應用到工業控制上，且該產品也是校正過，比起輸出電壓型的風速感測器，更加穩定、好用、便利。

表 1 風速感測器規格表

直流供電	10~30V DC
工作溫度	-20℃~+60℃，0%RH~80%RH
通信介面	485 通訊（modbus）協定
	串列傳輸速率：2400、4800（預設）、9600
	傳輸資料位元長度：8 位
	同位方式：無
	停止位長度：1 位
	預設 ModBus 通信地址：1
	支援功能碼：03
參數設置	用提供的配置軟體，透過 485 介面進行參數設定
解析度	0.1m/s
測量範圍	0~30m/s
動態回應時間	≤0.5s
啟動風速	≤0.2m/s

風速感測器組立

如下圖所示，我們拿到風速感測器的產品，會有感測器本體與線材，由於筆者的風速感測器未來會裝置於清水吳厝國小，所以將線材增購為 16 米長。

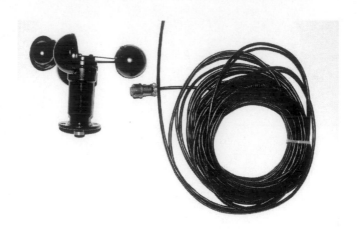

圖 2 風速感測器產品與線材

　　如下圖所示，我們拿到風速感測器的線材，將接頭端拿出來，是一個四接點母頭，在母頭圓圈中，有一個凹形缺口，裝置時必須注意這個凹形缺口要卡入正確。

圖 3 風速感測器線材接頭(母頭)

　　如下圖所示，我們拿到風速感測器的底面，也是一個四接點公頭，在公頭圓圈中，有一個凸起點，這個凸起點必須對準上圖之凹形缺口，必須要對好裝置時，才能正確插入，不可以用蠻力硬插入，這樣風速感測器會毀損。

圖 4 風速感測器底部接頭(公頭)

如下圖所示,如果將凸起點必須對準凹形缺口,正確插入後,我們就完成風速感測器產品組立。

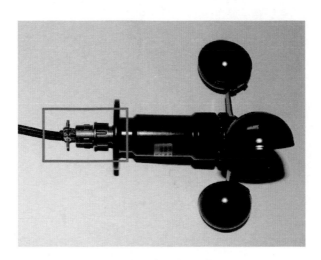

圖 5 完成風速感測器接頭組立

風速感測器接腳說明

如下表所示,我們在風速感測器線材另一端,是電源線與 RS-485 的訊號端。

表 2 風速感測器接腳表

	線材顏色	說明
電 源	棕色	電源正（10~30V DC）
	黑色	電源負(接地)
通信	黃色	485-A
	藍色	485-B

　　如下圖所示，我們可以看到風速感測器線材另一端，棕線是 10~30V 直流電的正極端、黑線是 10~30V 直流電的負極端、黃線則是 RS 485 訊號的 A 端、藍線是 RS 485 訊號的 B 端，請讀者不要弄錯了。

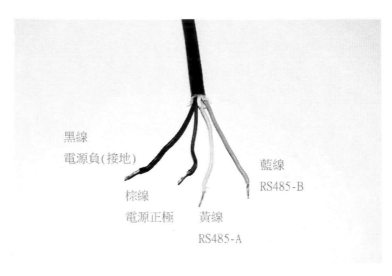

圖 6 風速感測器接線

風速感測器電源與訊號連接

　　如下圖所示，我們遵循上面所述，將棕線與黑線接上 12V 的交換式變壓器之 V+與 V-端。

圖 7 接上電源

　　如下圖所示，由於我們要先用原廠的測試軟體，我們準備一個 RS232/RS485 轉 USB 轉接器，並將黃線(RS 485-A) 交到 RS 485-A(本轉換器為 D+)，將藍線(RS 485-B) 交到 RS 485-B(本轉換器為 D-)，完成測試電路後，將 RS232/RS485 轉 USB 轉接器接到電腦。

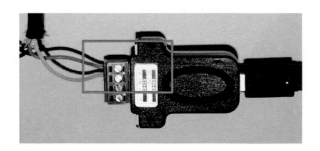

圖 8 接上 RS485

架設風速感測器

　　由於筆者先將產品於實驗室進行架設與開發，等到開發完成後，等到清水吳厝國小之風速感測器支架建置完成後，在到實地安裝，所以如下圖所示，我們先於實驗室進行架設與開發，我們可以看到將風速感測器架設在相機腳架上，方便筆者開發系統與測試用。

圖 9 架設風速感測器

風速感測器原廠軟體工具測試

如下圖所示，我們將 RS232/RS485 轉 USB 轉接器接到電腦後，在裝置管理員上可以該看到 RS232/RS485 轉 USB 轉接器成為一個連接埠，本文為 COM8，1 讀者請注意，要以您實際連接與設定的連接埠為主，因為根本文不一定相同的連接埠。

圖 10 裝置管理員畫面

如下圖所示，我們進入原廠提供的『RS485 參數配置工具 2.0』，其軟體網址為：https://github.com/brucetsao/eWind/tree/master/Tools，我們先選擇通訊埠(串口號)，上圖所示中，我們得知通訊埠(串口號)為 COM 8，所以我們將之設定為 COM 8。

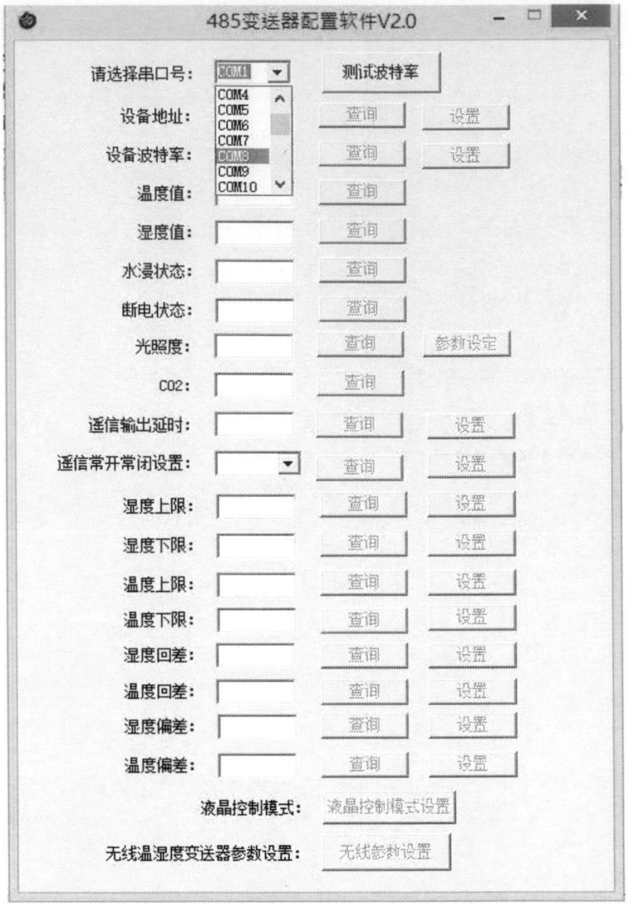

圖 11 系統設定畫面

　　如下圖所示，我們按下下圖所示之紅框處之按鈕：將 RS232/RS485 轉 USB 轉接器接到電腦後，在裝置管理員上可以該看到 RS232/RS485 轉 USB 轉接器成為一個連接埠，本文為 COM8，1 讀者請注意，要以您實際連接與設測試波特率，我們可以得到設備號碼與通訊速率。

圖 12 通訊速率設定畫面

　　如下圖所示，如果一切正確裝設與設定後，我們可以得到設備號碼與通訊速率，本文為設備號碼(設備地址)：1，通訊速率(設備波特率)：9600。

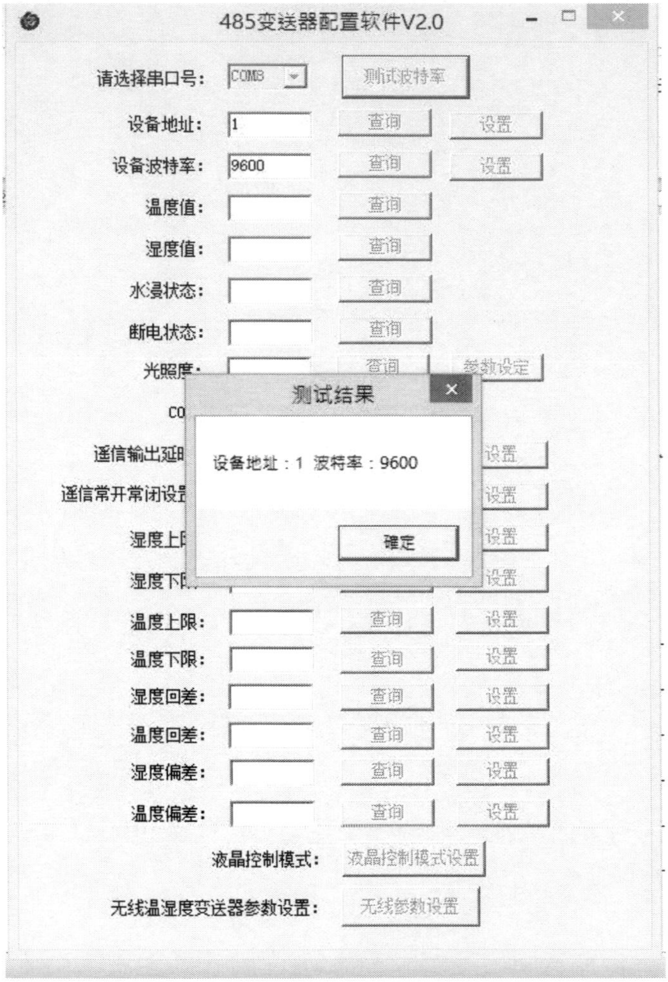

圖 13 設定通訊速率畫面

通訊方式

如下表所示，我們必須先將通訊配置的資料，設定為下列資訊。

表 3 風速感測器通訊配置表

Communication Format	8 Bit Binary(Modbus RTU)
Data Bits	8 位
Parity	無
Stop Bits	1 位
Cyclic Redundancy Check	CRC16
Speed(Baud)	2400、4800、9600，Default :4800

由於風速感測器採用 Modbus-RTU 通訊規格(曹永忠, 2016a)，如下表所示，我們可以了解其使用 Modbus-RTU 查詢命令碼的格式如下表：

表 4 風速感測器使用 Modbus-RTU 查詢命令碼

設備位址	功能碼	暫存器起始位址	暫存器長度	CRC16 Low Byte	CRC16 High Byte
1 Byte	1 Byte	2 Byte	2 Byte	1 Byte	1 Byte

由於本文使用設備位址為 1，所以我們可以求出下表所示之 Modbus-RTU 查詢命令範例碼。

表 5 Modbus-RTU 查詢命令範例碼

設備位址	功能碼	暫存器起始位址	暫存器長度	CRC16 Low Byte	CRC16 High Byte
0x01	0x03	0x00 0x00	0x00 0x01	0x84	0x0A

如果讀者不知道 CRC16 如何計算出，請使用網址：https://www.lam-mertbies.nl/comm/info/crc-calculation.html，將『010300000001』之十六進位值輸入後，如下圖所示，可以得到 0x0A84 的值。

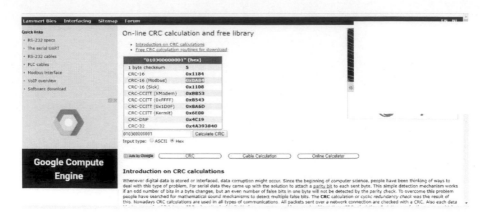

圖 14 使用線上工具計算出 CRC16

使用 AccessPort 通訊工具取得風速

本文使用 AccessPort 通訊工具，其下載網址為：https://accessport.soft32.com/，或到筆者 Github，網址為：https://github.com/brucetsao/eWind/tree/master/Tools，接可下載 AccessPort 通訊工具，目前版本為 1.37 版，將軟體安裝完成後，如下圖所示，我們可以看到主畫面如下：

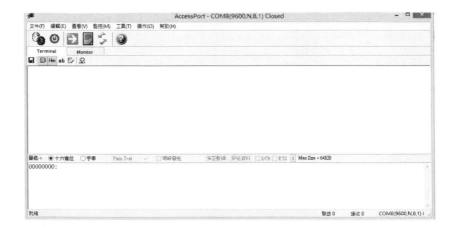

圖 15 AccessPort 通訊工具主畫面

如下圖所示，我們點選下圖紅框處，進入 AccessPort 通訊設置。

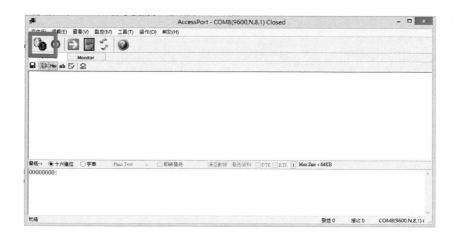

圖 16 進入 AccessPort 通訊設置

如下圖所示，我們進入 AccessPort 通訊設置畫面後，我們輸入**錯誤! 找不到參照來源。**的通訊配置值後，按下確定完成通訊配置。

圖 17 進入 AccessPort 通訊設置畫面

如下圖所示，我們點選下圖紅框處，開啟 AccessPort 通訊埠。

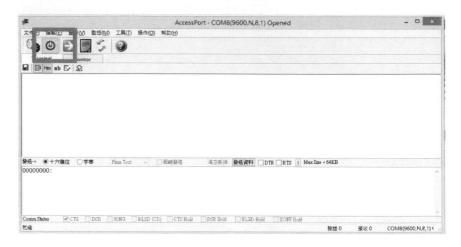

圖 18 開啟 AccessPort 通訊埠

如下圖所示，我們看到畫面抬頭出現『Opened』，則代表已開啟 AccessPort 通訊埠。

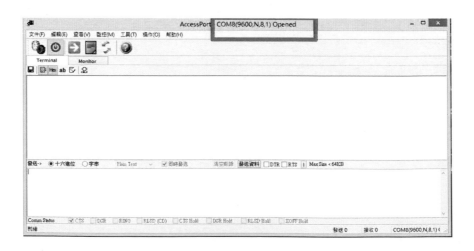

圖 19 進入 AccessPort 通訊設置畫面

如下圖所示,我們用十六進位方式輸入『010300000001840A』(參考**錯誤! 找不到參照來源。**之內容)。

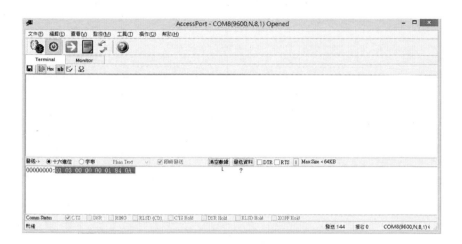

圖 20 輸入傳送命令(十六進位碼)

如下圖所示,我們點選下圖紅框處之發送資料,將輸入『010300000001840A』傳送到風速感測器進行查詢風速。

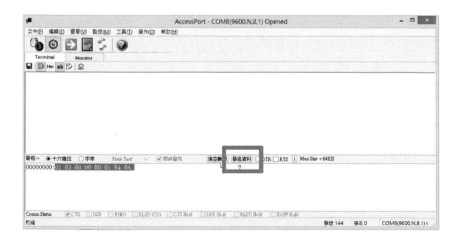

圖 21 傳送命令(十六進位碼)

如下圖所示，我們發現，我們得到『0103020024B85F』之十六進位回傳值。

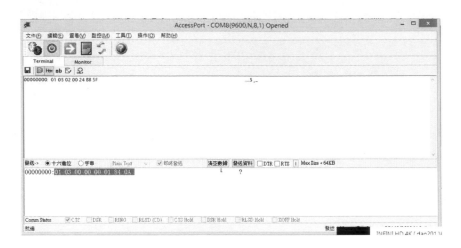

圖 22 取得風速感測器回傳資料(十六進位碼)

解譯風速感測器回傳資料

由於風速感測器採用 Modbus-RTU 通訊規格，如下表所示，我們可以了解其使用 Modbus-RTU 回傳資料格式如下表：

表 6 風速感測器回傳資料格式

設備位址	功能碼	返回有效位元組數	當前風速值	CRC16
1 位元組	1 位元組	1 位元組	2 位元組	2 位元組

如下表所示，我們將得到『0103020024B85F』之十六進位回傳值，整理成下表。

表 7 風速感測器實際回傳資料

設備位址	功能碼	返回有效位元組數	當前風速值	CRC16 Low Byte	CRC16 High Byte
0x01	0x03	0x02	0x00 0x25	0xB8	0x5F

　　我們在使用網址: https://www.lammertbies.nl/comm/info/crc-calculation.html，之線 CRC16 運算工具，將『0103020024』之十六進位值輸入後，如下圖所示，可以得到 0x0A84 的值。

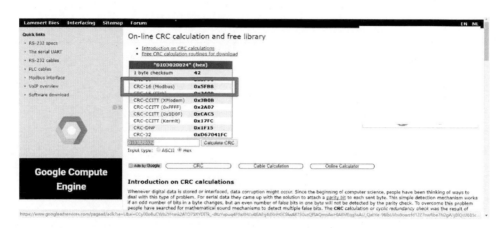

圖 23 使用線上工具計算出 CRC16 之值

　　我們在發現網址: https://www.lammertbies.nl/comm/info/crc-calculation.html，之線 CRC16 運算工具，計算出 CRC16(Modbus)的值為『0x5FB8』。

　　我們在比較表 7 之實際資料，其 CRC16 資料為 0xB8 與 0x5F，由於其表之 CRC16 順序為低位元組與高位元組，所以將之相反之後，得到 0x5F 與 0xB8， 與 圖 23 之值:『0x5FB8』完全相同，則回傳資料為正確之值。

　　最後我們根據表 6 之格式，取出第四欄的資料，為 0x00 與 0x25，根據高位元 組與低位元組進行運算，00*256+37(0x25)=36，將值退一位為小數點，則為風速 = 3.6 m/s，最後我們取得最後風速值。

章節小結

　　本章主要介紹之風速偵測開發感測器，教導讀者如何組立風速偵測開發感測器，連接風速偵測開發感測器電路，如何測試通訊與讀取風速偵測開發感測器的風速資料，透過本章節的解說，相信讀者會對連接、使用風速偵測開發感測器，進行通訊，有更深入的了解與體認。

2

CHAPTER

使用風向偵測感測器

環境監控是物聯網開發中非常重要的一環，鑒於如此，筆者有出版 PM2.5 空汙偵測相關的電子書(曹永忠, 許智誠, et al., 2016a, 2016b, 2016c, 2016d)與文章(曹永忠, 2016b, 2016c, 2016d, 2016e, 2016f, 2016g, 2016h, 2016i)，也開發與 LASS 社群相容的空氣盒子(Tsao et al., 2016; 吳昇峰 et al., 2017; 柯清長, 2016; 陳昱彣, 2016)，整個空氣盒子專案，目前由中央研究院資訊科學研究所，陳伶志[4]博士(Ling-Jyh Chen Ph.D.)(網址：https://sites.google.com/site/cclljj/)進行系統整合，讀者可以參閱網址：https://purbao.lass-net.org/。

這幾年來，社會群眾的環境意識覺醒，對環境的污染與監控，也普遍提高，然而空汙直接影響居民的健康，在群眾自我覺醒的運動中，自造者結合的自造者運動(Maker Movement)，影響了許多科技人士，運用感測科技與資訊科技的力量，結合臉書社群的號召，影響了全民空汙偵測的運動，筆者也是加入的先鋒者之一，筆者發現，目前空汙偵測，仍缺少二項資訊，那就是風向與風速等參考資訊(曹永忠, 2017; 曹永忠, 許智誠, & 蔡英德, 2017)，如果這兩項資訊可以加入在環境監控的資訊之中，那在空汙資訊的大數據分析之中，將會將空汙的汙染軌跡數位化，對整個社會，將產生更大的效用。

筆者友人是清水吳厝國小[5]校長黃朝恭[6]先生，校址位於台中國際機場邊，也是清水的偏鄉學校，對於學子的健康與社區健康深感重要，委託筆者在該校內建立風

---

[4] Ling-Jyh Chen,Research Fellow @ Institute of Information of Academia Sinica,address:128, Section 2, Academia Road,Nankang, Taipei 11529, Taiwan ,Phone: +886-2-27883799 ext. 1702,ax: +886-2-27824814 ,Email: cclljj@iis.sinica.edu.tw

[5] 臺中市清水區吳厝國民小學詳細資料 https://www.tc.edu.tw/school/list/detail/id/463

[6] 吳厝的阿恭校長 http://wu-tso-principal.blogspot.tw/

向監測站，並透過物聯網的技術，將這樣的資訊網頁化，可以讓各地方的使用者查詢到該區域的風向資訊，鑑於如此，筆者將風向感測監控的技術分享給讀者，希望可以透過我的經驗號召更多有志之士，可以將環境監控的感測資訊提升到更圓滿的境界。

風向感測器硬體介紹

(a).風向感測器

(b).風向感測器底部訊號電源接腳圖

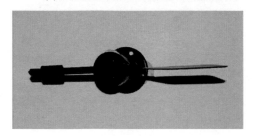

(c).風向感測器上視圖

圖 24 風向感測器產品圖

風向感測器硬體規格

筆者參考商家給的產品資料(下載網址：
https://github.com/brucetsao/eWind/tree/master/Doc，或參考附錄: RS-FX-N01 風向變送
器使用說明書（485 型）)，並將之轉成繁體字與修正一些語詞後，我們可以得到
下列的產品規格，RS-FS-N01 風向感測器(參考參考附錄: RS-FX-N01 風向變送器
使用說明書（485 型）)，外形小巧輕便，便於攜帶和組裝，殼體採用優質鋁合金
材質，外部進行電鍍與噴塑處理，具有良好的防腐、防侵蝕等特點，並能夠保證
風向感測器長期使用且避免生鏽現象，同時可以保護內部的承軸，更提高了風向
感測的精確性，其風向感測器可以被廣泛應用於溫室、環境保護、氣象站、船
舶、碼頭、養殖等環境的之風向測量。

風向感測器功能如下

- 量程：8 個指示方向
- 防電磁干擾處理

筆者並不打算自行開發風向感測器，因為校正本身就是一門學問，加上防水、
防曬、穩定與強固性，筆者打算採用工業級的產品簡化整個系統開發的困難度，由
於資金有限，筆者於淘寶網(https://world.taobao.com/)找到商家：仁科測控
(https://shop142026040.world.taobao.com/)的風向產品：風向傳感器變送器(產品網址:
https://world.taobao.com/item/546210725302.htm?fromS-
ite=main&spm=a312a.7700846.0.0.ffe8001FmKbJz&_u=5vlvti90c3d)，可以參考下圖所示：

- 進口軸承，轉動阻力小，測量精確

- 全鋁外殼，機械強度大，硬度高，耐腐蝕、不生銹可長期使用於室外

- 設備結構及重量經過精心設計及分配，轉動慣量小，響應靈敏

- 標準ModBus-RTU 通信協定，接入方便

如下表所示，我們可以得到風向感測器的產品規格，由於筆者選擇 RS485 介面，使用 ModBus 通訊協定，可以讓開發更快，且可以應用到工業控制上，且該產品也是校正過，比起輸出電壓型的風向感測器，更加穩定、好用、便利。

表 8 風向感測器規格表

直流供電	10~30V DC
工作溫度	-20℃~+60℃，0%RH~80%RH
通信介面	485 通訊（modbus）協定
	串列傳輸速率：2400、4800（預設）、9600
	傳輸資料位元長度：8 位
	同位方式：無
	停止位長度：1 位
	預設 ModBus 通信地址：1
	支援功能碼：03
參數設置	用提供的配置軟體，透過 485 介面進行參數設定
測量範圍	8 個指示方向
動態回應時間	≤0.5s

風向感測器組立

如下圖所示，我們拿到風向感測器的產品，會有感測器本體與線材，由於筆者

的風向感測器未來會裝置於清水吳厝國小,所以將線材增購為 16 米長。

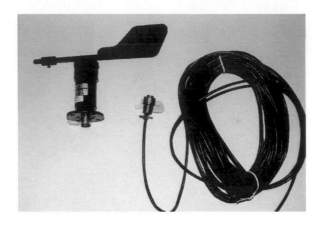

圖 25 風向感測器產品與線材

　　如下圖所示,我們拿到風向感測器的線材,將接頭端拿出來,是一個四接點母頭,在母頭圓圈中,有一個凹形缺口,裝置時必須注意這個凹形缺口要卡入正確。

圖 26 風向感測器線材接頭(母頭)

　　如下圖所示,我們拿到風向感測器的底面,也是一個四接點公頭,在公頭圓圈中,有一個凸起點,這個凸起點必須對準上圖之凹形缺口,必須要對好裝置時,才能正確插入,不可以用蠻力硬插入,這樣風向感測器會毀損。

圖 27 風向感測器底部接頭(公頭)

　　如下圖所示，如果將凸起點必須對準凹形缺口，正確插入後，我們就完成風向
感測器產品組立。

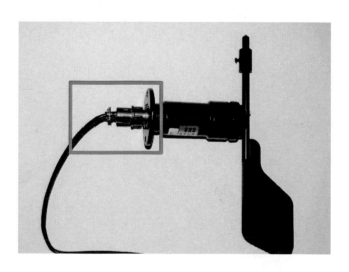

圖 28 完成風向感測器接頭組立

風向感測器接腳說明

如下表所示，我們在風向感測器線材另一端，是電源線與 RS-485 的訊號端。

表 9 風向感測器接腳表

	線材顏色	說明
電 源	棕色	電源正（10~30V DC）
	黑色	電源負(接地)
通信	黃色	485-A
	藍色	485-B

如下圖所示，我們可以看到風向感測器線材另一端，棕線是 10~30V 直流電的正極端、黑線是 10~30V 直流電的負極端、黃線則是 RS 485 訊號的 A 端、藍線是 RS 485 訊號的 B 端，請讀者不要弄錯了。

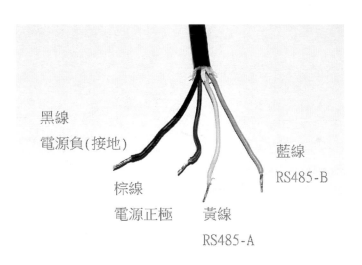

圖 29 風向感測器接線

風向感測器電源與訊號連接

如下圖所示，我們遵循上面所述，將棕線與黑線接上 12V 的交換式變壓器之
V+與 V-端。

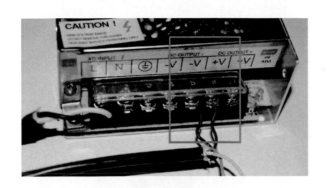

圖 30 接上電源

如下圖所示，由於我們要先用原廠的測試軟體，我們準備一個 RS232/RS485 轉
USB 轉接器，並將黃線(RS 485-A) 交到 RS 485-A(本轉換器為 D+)，將藍線(RS 485-
B) 交到 RS 485-B(本轉換器為 D-)，完成測試電路後，將 RS232/RS485 轉 USB 轉接
器接到電腦。

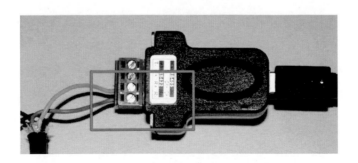

圖 31 接上 RS485

架設風向感測器

　　由於筆者先將產品於實驗室進行架設與開發，等到開發完成後，等到清水吳厝國小之風向感測器支架建置完成後，在到實地安裝，所以如下圖所示，我們先於實驗室進行架設與開發，我們可以看到將風向感測器架設在相機腳架上，方便筆者開發系統與測試用。

圖 32 架設風向感測器

風向感測器原廠軟體工具測試

　　如下圖所示，我們將 RS232/RS485 轉 USB 轉接器接到電腦後，在裝置管理員上可以該看到 RS232/RS485 轉 USB 轉接器成為一個連接埠，本文為 COM8，1 讀者請注意，要以您實際連接與設定的連接埠為主，因為根本文不一定相同的連接埠。

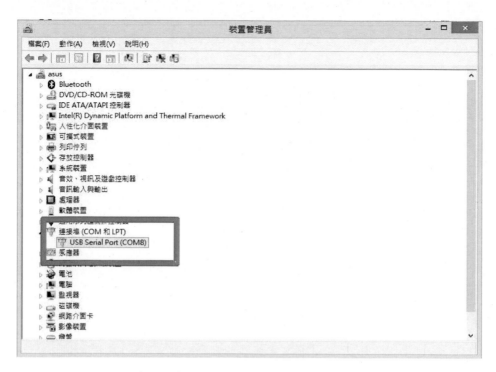

圖 33 裝置管理員畫面

　　如下圖所示，我們進入原廠提供的『RS485 參數配置工具 2.0』，其軟體網址為：
https://github.com/brucetsao/eWind/tree/master/Tools，我們先選擇通訊埠(串口號)，上圖
所示中，我們得知通訊埠(串口號)為 COM 8，所以我們將之設定為 COM 8。

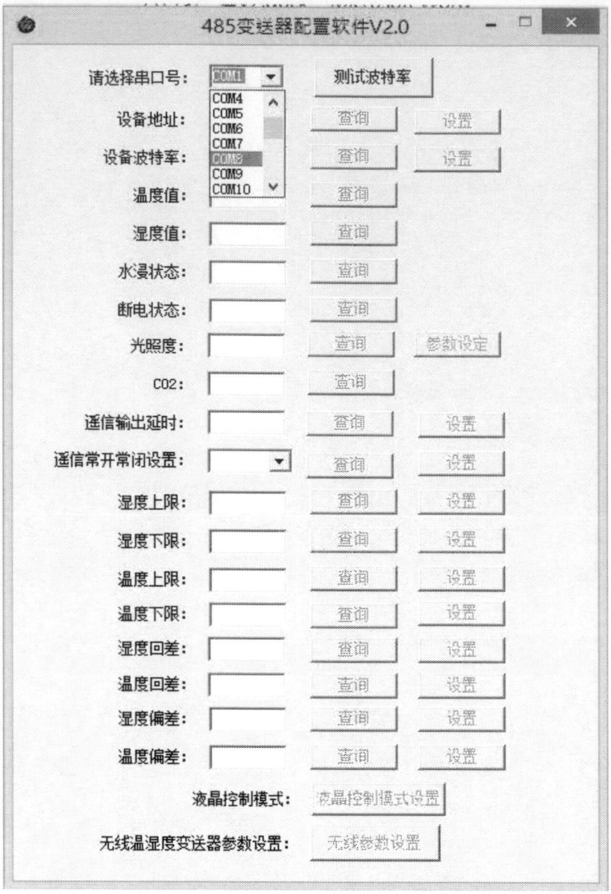

圖 34 選擇設定程式之通訊埠畫面

　　如下圖所示，我們按下下圖所示之紅框處之按鈕：將 RS232/RS485 轉 USB 轉接器接到電腦後，在裝置管理員上可以該看到 RS232/RS485 轉 USB 轉接器成為一個連接埠，本文為 COM8，1 讀者請注意，要以您實際連接與設測試波特率，我們可以得到設備號碼與通訊速率。

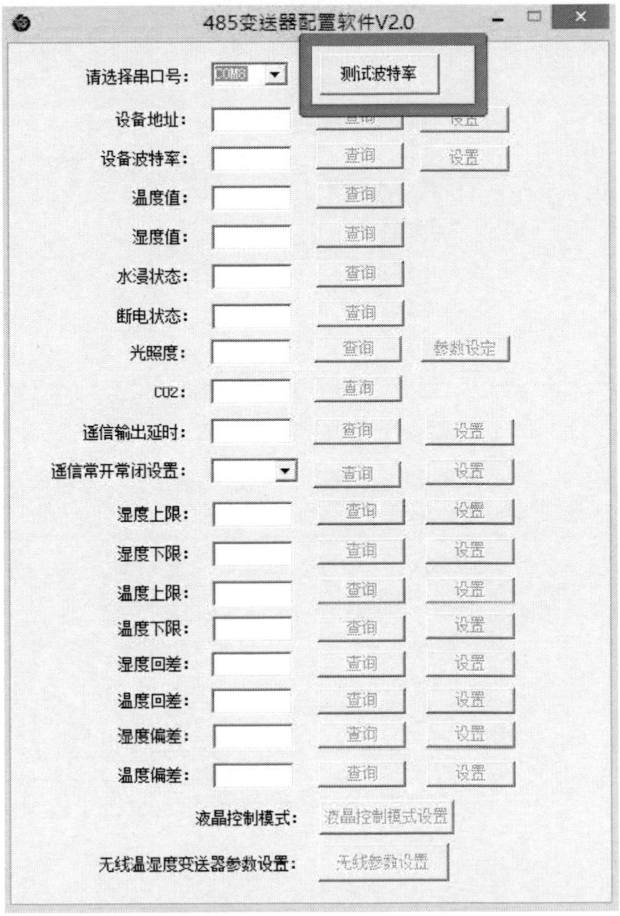

圖 35 測試程式之通訊速率測試畫面

　　如下圖所示，如果一切正確裝設與設定後，我們可以得到設備號碼與通訊速率，本文為設備號碼(設備地址)：1，通訊速率(設備波特率)：9600。

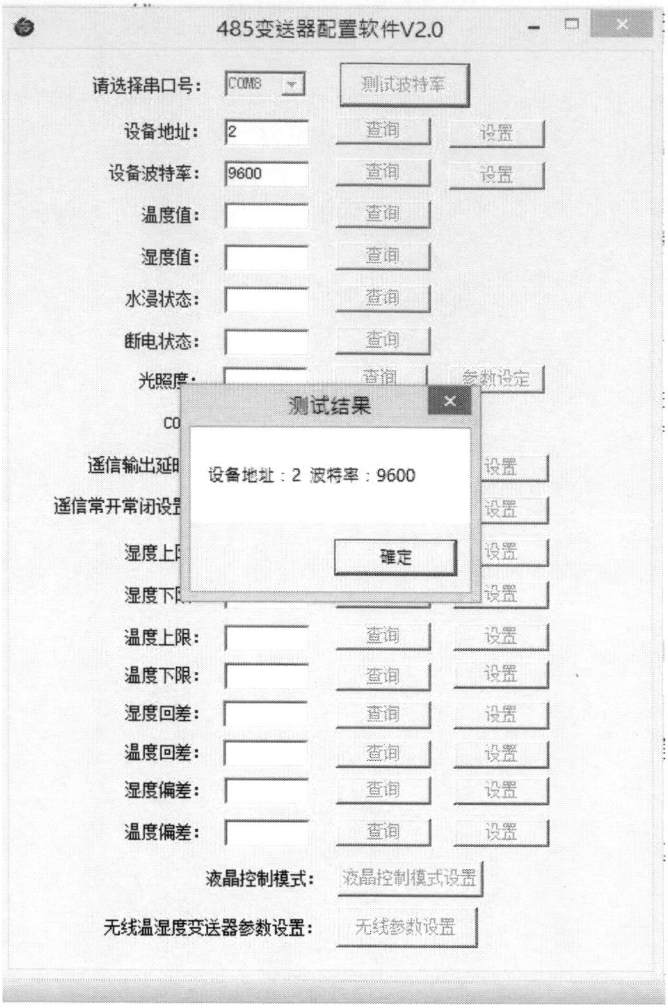

圖 36 取得通訊速率測試畫面

風向感測器通訊方式

如下表所示，我們必須先將通訊配置的資料，設定為下列資訊。

表 10 風向感測器通訊配置表

Communication Format	8 Bit Binary(Modbus RTU)

Data Bits	8 位
Parity	無
Stop Bits	1 位
Cyclic Redundancy Check	CRC16
Speed(Baud)	2400、4800、9600，Default :4800

由於風向感測器採用 Modbus-RTU 通訊規格(曹永忠, 2016a)，如下表所示，我們可以了解其使用 Modbus-RTU 查詢命令碼的格式如下表：

表 11 風向感測器使用 Modbus-RTU 查詢命令碼

設備位址	功能碼	暫存器起始位址	暫存器長度	CRC16 Low Byte	CRC16 High Byte
1 Byte	1 Byte	2 Byte	2 Byte	1 Byte	1 Byte

由於風向感測器採用許多暫存器，如下表所示，我們可以了解其使用暫存器內容如下

表 12 風向感測器之暫存器一覽表

暫存器位址	PLC或組態地址	內容	操作
0000 H	40001	風向（0-7檔） 上傳資料即為真實值	唯讀
0001 H	40002	風向（0-360°）上傳資料即為真實值	唯讀

由於本文使用設備位址為 2，所以我們可以求出下表所示之 Modbus-RTU 查詢命令範例碼。

表 13 Modbus-RTU 查詢命令範例碼

設備位址	功能碼	暫存器起始位址	暫存器長度	CRC16 Low Byte	CRC16 High Byte
0x02	0x03	0x00 0x00	0x00 0x02	0xC4	0x38

如果讀者不知道 CRC16 如何計算出，請使用網址: https://www.lam-
mertbies.nl/comm/info/crc-calculation.html，將『020300000002』之十六進位值輸入
後，如下圖所示，可以得到 0x38C4 的值。

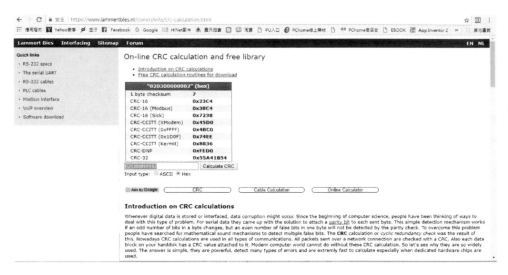

圖 37 使用線上工具計算出 CRC16

使用 AccessPort 通訊工具取得風向

本文使用 AccessPort 通訊工具，其下載網址為：https://accessport.soft32.com/，或
到筆者 Github，網址為：https://github.com/brucetsao/eWind/tree/master/Tools，接可下載
AccessPort 通訊工具，目前版本為 1.37 版，將軟體安裝完成後，如下圖所示，我們
可以看到主畫面如下：

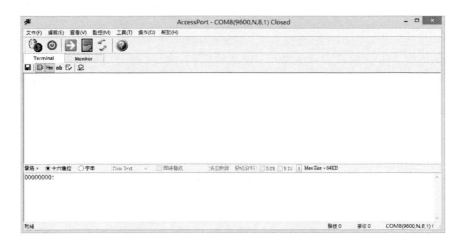

圖 38 AccessPort 通訊工具主畫面

如下圖所示，我們點選下圖紅框處，進入 AccessPort 通訊設置。

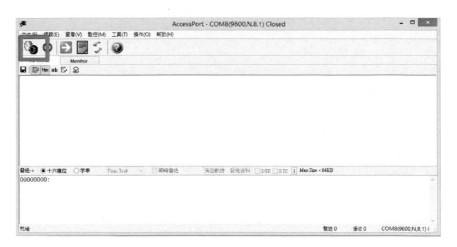

圖 39 進入 AccessPort 通訊設置

如下圖所示，我們進入 AccessPort 通訊設置畫面後，我們輸入下圖所示的通訊配置值後，按下確定完成通訊配置。

圖 40 進入 AccessPort 通訊設置畫面

如下圖所示，我們點選下圖紅框處，開啟 AccessPort 通訊埠。

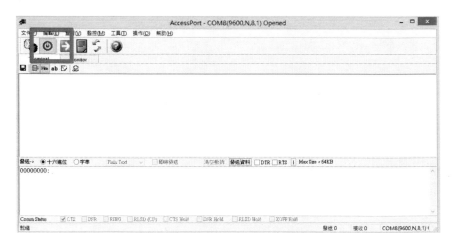

圖 41 開啟 AccessPort 通訊埠

如下圖所示，我們看到畫面抬頭出現『Opened』，則代表已開啟 AccessPort 通訊埠。

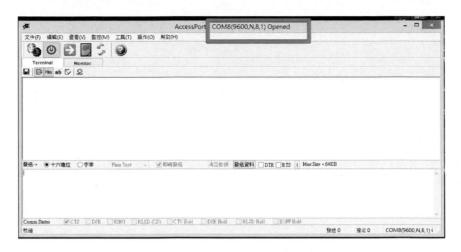

圖 42 進入 AccessPort 通訊設置畫面

如下圖所示，我們用十六進位方式輸入『020300000002C438』(參考下圖所示之內容)。

圖 43 輸入傳送命令(十六進位碼)

如下圖所示，我們點選下圖紅框處之發送資料，將輸入『020300000002C438』傳送到風向感測器進行查詢風向。

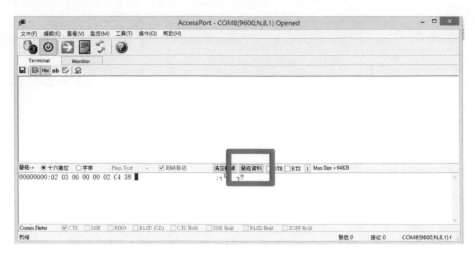

圖 44 傳送命令(十六進位碼)

如下圖所示，我們發現，我們得到『020304000500E1197A』之十六進位回傳值。

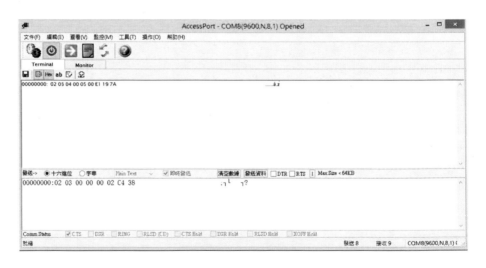

圖 45 取得回傳命令(十六進位碼)

解譯風向感測器回傳資料

由於風向感測器採用 Modbus-RTU 通訊規格，如下表所示，我們可以了解其使用 Modbus-RTU 回傳資料格式如下表：

表 14 風向感測器回傳資料格式

地址碼	功能碼	返回有效位元組數	風向 （0-7 檔）	風向 （0-360°）	CRC16
1 位元組	1 位元組	1 位元組	2 位元組	2 位元組	2 位元組

如下表所示，我們將得到『020304000500E1197A』之十六進位回傳值，整理成下表。

表 15 風向感測器實際回傳資料

地址碼	功能碼	返回有效位元組數	風向 （0-7 檔）	風向 （0-360°）	CRC16 Low Byte	CRC16 High Byte
0x02	0x03	0x04	0x00 0x05	0x00 0xE1	0x19	0x7A

我們在使用網址: https://www.lammertbies.nl/comm/info/crc-calculation.html，之線 CRC16 運算工具，將『020304000500E1』之十六進位值輸入後，如下圖所示，可以得到 0x0A84 的值。

圖 46 使用線上工具計算出 CRC16 之值

我們在發現網址: https://www.lammertbies.nl/comm/info/crc-calculation.html，之線

CRC16 運算工具，計算出 CRC16(Modbus)的值為『0x7A19』。

我們在比較表 7 之實際資料，其 CRC16 資料為 0x19 與 0x7A，由於其表之

CRC16 順序為低位元組與高位元組，所以將之相反之後，得到 0x7A 與 0x19， 與

圖 23 之值：『0x7A19』完全相同，則回傳資料為正確之值。

如下表所示，我們參考風向感測器資料格式對照表，瞭解風向（0-7 檔）與風

向（0-360°）兩個值的意義：

● 風向（0-7 檔）表東、南、西、北、東北、東南、西北、西南八方向

● 風向（0-360°）表以北方為零度，順時鐘方向的角度

表 16 風向感測器資料格式對照表

採集值（0-7 檔）	採集值（0-360°）	對應方向
0	0°	北風
1	45°	東北風
2	90°	東風
3	135°	東南風

4	180°	南風
5	225°	西南風
6	270°	西風
7	315°	西北風

　　最後我們根據表 16 之格式，取出表 15 第四欄的資料，為 0x00 與 0x05，根據高位元組與低位元組進行運算，00*256+05(0x05)=5，我們根據表 16 之格式，計算出風向為西南風。

　　最後我們根據表 16 之格式，取出表 15 第五欄的資料，為 0x00 與 0xE1，根據高位元組與低位元組進行運算，00*256+225(0xE1)=225，我們根據表 16 之格式，計算出風向角度為 225°。

　　章節小結

　　本章主要介紹之風向偵測開發感測器，教導讀者如何組立風向偵測開發感測器，連接風向偵測開發感測器電路，如何測試通訊與讀取風向偵測開發感測器的風向資料，透過本章節的解說，相信讀者會對連接、使用風向偵測開發感測器，進行通訊，有更深入的了解與體認。

3

CHAPTER

使用溫溼度感測器

環境監控是物聯網開發中非常重要的一環，鑒於如此，筆者有出版 PM2.5 空汙偵測相關的電子書(曹永忠, 許智誠, et al., 2016a, 2016b, 2016c, 2016d)與文章(曹永忠, 2016b, 2016c, 2016d, 2016e, 2016f, 2016g, 2016h, 2016i)，也開發與 LASS 社群相容的空氣盒子(Tsao et al., 2016; 吳昇峰 et al., 2017; 柯清長, 2016; 陳昱夆, 2016)，整個空氣盒子專案，目前由中央研究院資訊科學研究所，陳伶志[7]博士(Ling-Jyh Chen Ph.D.)(網址：https://sites.google.com/site/cclljj/)進行系統整合，讀者可以參閱網址：https://purbao.lass-net.org/。

這幾年來，由於地球暖化，整個室外溫度越來越高，間接產生學子戶活動的危險性，所以，越來越多的校園與公眾空間，有開始監控溫溼度，筆者發現，目前氣象偵測，仍缺少二項資訊，那就是溫度與濕度等資訊，如果這兩項資訊可以加入在環境監控的資訊之中，那在氣象資訊的大數據分析之中，將會將氣象軌跡數位化，對整個社會，將產生更大的效用。

筆者友人是清水吳厝國小[8]校長黃朝恭[9]先生，校址位於台中國際機場邊，也是清水的偏鄉學校，對於學子的健康與社區健康深感重要，委託筆者在該校內建立氣象監測站，並透過物聯網的技術，將這樣的資訊網頁化，可以讓各地方的使用者查詢到該區域的氣象相關資訊，鑒於如此，筆者將溫溼度感測監控的技術分享給讀者，希望可以透過我的經驗號召更多有志之士，可以將環境監控的感測資訊提升到更圓滿的境界。

---

[7] Ling-Jyh Chen,Research Fellow @ Institute of Information of Academia Sinica,address:128, Section 2, Academia Road,Nankang, Taipei 11529, Taiwan ,Phone: +886-2-27883799 ext. 1702,ax: +886-2-27824814 ,Email: cclljj@iis.sinica.edu.tw

[8] 臺中市清水區吳厝國民小學詳細資料 https://www.tc.edu.tw/school/list/detail/id/463

[9] 吳厝的阿恭校長 http://wu-tso-principal.blogspot.tw/

溫溼度感測器硬體介紹

筆者並不打算自行開發溫溼感測器，因為校正本身就是一門學問，加上防水、防曬、穩定與強固性，筆者打算採用工業級的產品簡化整個系統開發的困難度，由於資金有限，筆者於淘寶網 (https://world.taobao.com/) 找到商家：仁科測控 (https://shop142026040.world.taobao.com/)的風速產品：溫溼度變送器傳感器(產品網址: https://item.taobao.com/item.htm?spm=a1z09.2.0.0.67002e8dWw-KNvc&id=525196265285&_u=avlvti91c7f)，可以參考下圖所示：

工業溫溼度感測模組

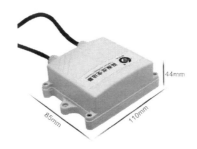

(a). 溫溼度感測器正面圖   (b). 溫溼度感測器尺寸圖

(c). 溫溼度感測器感測零件圖

圖 47 溫溼度感測器產品圖

資料來源：產品賣場 https://shop142026040.world.taobao.com/?spm=2013.1.0.0.5b8068a5Qrbav7

溫溼度感測器硬體規格

筆者參考商家給的產品資料(下載網址：
https://github.com/brucetsao/eWind/tree/master/Doc，或參考附錄：壁掛王字殼溫濕度
變送器用戶手冊（485 型），產品為壁掛高防護等級外殼，防護等級 IP65，防雨雪
且透氣性好。電路採用美國進口工業級微處理器晶片、進口高精度溫度感測器，
確保產品優異的可靠性、高精度和互換性。 本產品採用顆粒燒結探頭護套，探頭
與殼體直接相連外觀美觀大方。輸出信號類型分為 RS485，最遠可通信 2000
米，標準的 modbus 協定，支援整合開發。

讀者可以參考下表之溫溼度感測器硬體規格，了解其硬體規格。

表 17 溫溼度感測器硬體規格表

直流供電（預設）	DC 10-30V	
最大功耗	0.4W	
A 准精度	濕度	±2%RH(5%RH~95%RH,25℃)
	溫度	±0.4℃（25℃）
B 准精度（預設）	濕度	±3%RH(5%RH~95%RH,25℃)
	溫度	±0.5℃（25℃）
變送器電路工作溫度	-40℃~+60℃，0%RH~80%RH	
探頭工作溫度	-40℃~+120℃ 默認：-40℃~+80℃	
探頭工作濕度	0%RH-100%RH	
溫度顯示解析度	0.1℃	
濕度顯示解析度	0.1%RH	
溫濕度刷新時間	1s	
長期穩定性	濕度	≤1%RH/y
	溫度	≤0.1℃/y
回應時間	濕度	≤4s(1m/s 風速)
	溫度	≤15s(1m/s 風速)
輸出信號	RS485(Modbus 協議)	
安裝方式	壁掛式	

資料來源：產品賣場：https://shop142026040.world.taobao.com/?spm=2013.1.0.0.5b8068a5Qrbav7

風向感測器組立

如下圖所示，我們拿到溫溼度感測器的產品，會有感測器本體與線材，由於筆者的溫溼感測器未來會裝置於清水吳厝國小，所以將線材增購為 16 米長。

(a). 場景示範圖

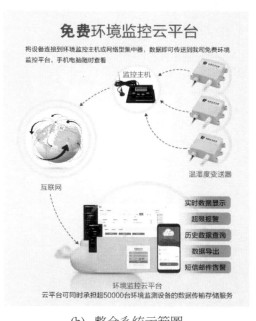

(b). 整合系統示範圖

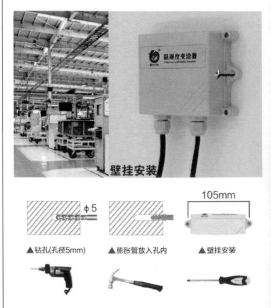

(c). 施工示範圖

圖 48 溫溼度感測器是用情境介紹圖

資料來源：產品賣場　https://shop142026040.world.taobao.com/?spm=2013.1.0.0.5b8068a5Qrbav7

溫溼度感測器接腳說明

　　如下表所示，我們在溫溼度感測器線材另一端，是電源線與 RS-485 的訊號端。

　　如下圖所示，我們可以看到溫溼度感測器線材另一端，棕線是 10~30V 直流電的正極端、黑線是 10~30V 直流電的負極端、黃線則是 RS 485 訊號的 A 端、藍線是 RS 485 訊號的 B 端，請讀者不要弄錯了。

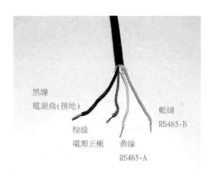

圖 49 溫溼度感測器接線

　　如下圖所示，我們可以參考下圖與下表，將溫溼度感測模組組立。

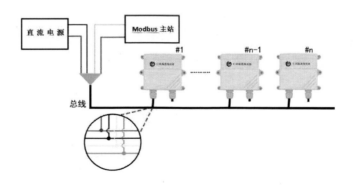

圖 50 溫溼度感測器接線示意圖

資料來源：產品官網：

https://item.taobao.com/item.htm?spm=a1z09.2.0.0.67002e8dWw-KNvc&id=525196265285&_u=avlvti91c7f

若上圖仍有不明瞭之處，在哪到感測模組之後，可以參考下表進行 RS-485 的連接。

表 18 溫溼度感測器接腳表

	線材顏色	說明
電 源	棕色	電源正（10~30V DC）
	黑色	電源負(接地)
通信	黃色	485-A
	藍色	485-B

如下圖所示，我們可以看到風向感測器線材另一端，棕線是 10~30V 直流電的正極端、黑線是 10~30V 直流電的負極端、黃線則是 RS 485 訊號的 A 端、藍線是 RS 485 訊號的 B 端，請讀者不要弄錯了。

風向感測器電源與訊號連接

如下圖所示，我們遵循上面所述，將棕線與黑線接上 12V 的交換式變壓器之 V+與 V-端。

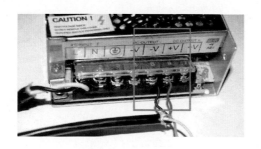

圖 51 接上電源

　　如下圖所示，由於我們要先用原廠的測試軟體，我們準備一個 RS232/RS485 轉 USB 轉接器，並將黃線(RS 485-A) 交到 RS 485-A(本轉換器為 D+)，將藍線(RS 485-B) 交到 RS 485-B(本轉換器為 D-)，完成測試電路後，將 RS232/RS485 轉 USB 轉接器接到電腦。

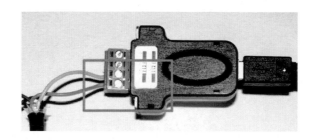

圖 52 接上 RS485

溫溼度感測器通訊方式

　　如下表所示，我們必須先將通訊配置的資料，設定為下列資訊。

表 19 溫溼度感測器通訊配置表

Communication Format	8 Bit Binary(Modbus RTU)
Data Bits	8 位
Parity	無

Stop Bits	1 位
Cyclic Redundancy Check	CRC16
Speed(Baud)	2400、4800、9600，Default :4800

由於溫溼度感測器採用 Modbus-RTU 通訊規格(曹永忠, 2016a)，如下表所示，我們可以了解其使用 Modbus-RTU 查詢命令碼的格式如下表：

表 20 溫溼度感測器使用 Modbus-RTU 查詢命令碼

設備位址	功能碼	暫存器起始位址	暫存器長度	CRC16 Low Byte	CRC16 High Byte
1 Byte	1 Byte	2 Byte	2 Byte	1 Byte	1 Byte

由於溫溼度感測器採用許多暫存器，如下表所示，我們可以了解其使用暫存器內容如下

表 21 溫溼度感測器之暫存器一覽表

暫存器位址	PLC或組態地址	內容	操作
0000 H	40001	溼度	唯讀
0001 H	40002	溫度	唯讀

由於本文使用設備位址為 2，所以我們可以求出下表所示之 Modbus-RTU 查詢命令範例碼。

表 22 Modbus-RTU 查詢命令範例碼

設備位址	功能碼	暫存器起始位址	暫存器長度	CRC16 Low Byte	CRC16 High Byte
0x01	0x03	0x00 0x00	0x00 0x02	0xC4	0x0B

如果讀者不知道 CRC16 如何計算出，請使用網址: https://www.lam-mertbies.nl/comm/info/crc-calculation.html，將『010300000002』之十六進位值輸入後，如下圖所示，可以得到 0x0BC4 的值。

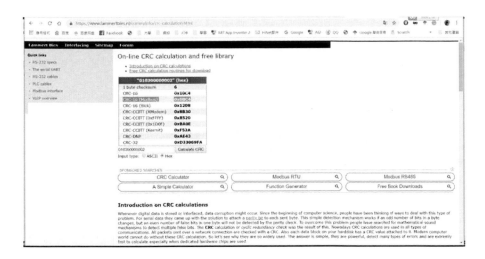

圖 53 使用線上工具計算出 CRC16

解譯溫溼度感測器回傳資料

由於溫溼度感測器採用 Modbus-RTU 通訊規格，如下表所示，我們可以了解其使用 Modbus-RTU 回傳資料格式如下表：

表 23 溫溼度感測器回傳資料格式

地址碼	功能碼	返回有效位元組數	濕度值	溫度值	CRC16
1 位元組	1 位元組	1 位元組	2 位元組	2 位元組	2 位元組

如下表所示，我們將得到『020304000500E1197A』之十六進位回傳值，整理成

下表。

表 24 溫溼度感測器實際回傳資料

地址碼	功能碼	返回有效位元組數	濕度值		溫度值		CRC16 Low Byte	CRC16 High Byte
0x01	0x03	0x04	0x02	0x92	0xFF	0x9B	0x5A	0x3D

我們在使用網址: https://www.lammertbies.nl/comm/info/crc-calculation.html，之線 CRC16 運算工具，將『0103040292FF9B』之十六進位值輸入後，如下圖所示，可以得到 0x3D5A 的值。

圖 54 使用線上工具計算測試通訊之 CRC16 之值

我們在發現網址: https://www.lammertbies.nl/comm/info/crc-calculation.html，之線 CRC16 運算工具，計算出 CRC16(Modbus)的值為『0x3D5A』。

我們在比較上表之實際資料，其 CRC16 資料為 0x5A 與 0x3D，由於其表之 CRC16 順序為低位元組與高位元組，所以將之相反之後，得到 0x3D 與 0x5A， 與

圖 23 之值：『0x3D5A』完全相同，則回傳資料為正確之值。

最後我們根據上表之資料根據官方資料計算：

溫度計算：

當溫度低於 0 ℃ 時溫度資料以補數的形式上傳。 溫度：FF9B H(十六進位)=
-101 => 溫度 = -10.1℃

濕度計算：

濕度：292 H (十六進位)= 658 => 濕度 = 65.8%RH

，

章節小結

本章主要介紹之風溫溼度感測器，教導讀者如何組立溫溼度感測器，連接溫溼
度感測器進行電路組立，如何測試通訊與讀取溫溼度感測器的溫度與濕度資料，透
過本章節的解說，相信讀者會對連接、使用溫溼度感測器，進行通訊，有更深入的
了解與體認。

CHAPTER

Arduino MKR1000 介紹

  Arduino MKR1000 是一款功能強大的主板，結合了 Zero 和 Wi-Fi Shield 的功能。對於希望設計物聯網專案的開發者來說，這是一個理想的解決方案。

  Arduino MKR1000 的設計主要增加 Wi-Fi 連接的製造商提供一個實用且經濟高效的解決方案，而這種解決方案使用 Atmel ATSAMW25 SoC 晶片，Atmel 無線設備的 SmartConnect 系列，專為物聯網專案和開發設備而設計。

  如下圖所示，Arduino MKR1000 (with Headers) 是 Arduino 原廠進口的開發版，結合了 Zero 和 Wi-Fi Shield 的功能。

(b).背面圖

(a)正面圖

(c). 45 度圖

(d).網路接腳圖

圖 55 Arduino MKR1000

資料來源：Arduino.cc 官網：https://store.arduino.cc/usa/arduino-mkr-wifi-1010

Arduino MKR1000 的晶片主要介紹如下：

- 微控制器：SAMD21 Cortex-M0 + 32 位低功耗 ARM MCU
- 電源：(USB / VIN)：5V
- 支持電池：Li-Po 單節電池，最小 3.7V，700mAh
- 電路工作電壓：3.3V
- 數字 I / O 腳位：8
- PWM 引腳：12（0,1,2,3,4,5,6,7,8,10，A3 - 或 18 - ，A4-或 19）
- UART： 1
- SPI：1
- I2C：1
- I2S：1
- 連接：無線上網
- 類比輸入腳位：7（ADC 8/10/12 位）
- 類比輸出腳位：1（DAC 10 位）
- 外部中斷：8（0,1,4,5,6,7,8，A1-或 16-，A2-或 17）
- 每個 I / O 腳位的直流電流：7 毫安
- 閃存：256 KB
- SRAM：32 KB
- EEPROM：沒有
- 時鐘速度：32.768 kHz（RTC），48 MHz
- LED_BUILTIN：6
- 全速 USB 設備和嵌入式主機：包括 LED_BUILTIN
- 長度：61.5 毫米
- 寬度：25 毫米
- 重量：32 克

該設計包括一個 Li-Po 充電電路，允許 Arduino / Genuino MKR1000 以電池電源或外部 5V 電源運行，在外部電源上運行時為 Li-Po 電池充電，從一個信號源切換到另一個信號源是自動完成的。具有與 Zero 板類似的良好的 32 位計算能力，通常豐富的 I / O 腳位，具有用於安全通信的 Cryptochip 的低功耗 Wi-Fi 以及易於使用原始碼開發和編程的 Arduino 開發工具（IDE）。

所有這些特性使得這款主板成為緊湊型外形的新興物聯網電池供電項目的首選。USB 端口可用於為主板提供電源（5V）。Arduino MKR1000 可以帶或不帶鋰電池連接，功耗有限。

讀者必須注意的是，與大多數 Arduino 和 Genuino 板不同，MKR1000 運行在 3.3V。I/O 腳位可以承受的最大電壓是 3.3V。對任何 I/O 腳位而言，施加高於 3.3V 的電壓都可能會損壞電路板。當輸出到 5V 數位設備時，與 5V 設備的雙向通信需要適當的電平轉換方可以應用。

掃描ＭＡＣ位址

在許多無線網路的地方，由於安全性、保密性的因素，會採用權限管理，而最簡單、有效的方式，就是使用網路裝置的 MAC Address，一般稱稱為『MAC』。

每一個網路介面卡都有一個獨一無二的識別碼，這個識別碼是由六組 16 進位數字組成的物理位置(Physical Address)，也稱為 MAC(Media Access Control)Address。這個位址分為兩個部分，前三組數字為 Manufacture ID，就是廠商 ID；後三組數字為 Card ID，就是網路卡的卡號，透過這兩組 ID，我們可以在實體上區分每一張網路卡，理論上，全世界沒有兩張卡的 MAC Address 是相同的。

基於這個物理位址，就可以在網路上區分每一個裝置（電腦或網路產品），將資料傳輸到正確的位址而不會搞混。MAC Address 是 12 碼的 16 進位數字，每兩個數字中間有「-」或「:」間隔，例如：00-F1-EE-50-DC-92。

首先，如下圖所示，只要將 Arduino MKR1000 插上 MicroUSB 線，將該線差到開發用的電腦就可以了。

圖 56 Arduino MKR1000

　　我們遵照前幾章所述，將 Arduino 開發板的驅動程式安裝好之後，我們打開 Arduino 開發板的開發工具：Sketch IDE 整合開發軟體，攥寫一段程式，如下表所示之掃描ＭＡＣ位址測試程式，我們就可以讓 Arduino MKR1000 開發板找出自己的掃描ＭＡＣ位址。

表 25 掃描ＭＡＣ位址測試程式

掃描ＭＡＣ位址測試程式(ScanMAC_MKR1000)
``#include <SPI.h>
#include <WiFi101.h>

void setup() {
  //Initialize serial and wait for port to open:
  Serial.begin(9600);

  // check for the presence of the shield:
  if (WiFi.status() == WL_NO_SHIELD) {
    Serial.println("WiFi shield not present");
    // don't continue:
    while (true);
  }

  // Print WiFi MAC address:

``` |
```

```
}

void loop() {

  // scan for existing networks:
  Serial.print("MAC:(") ;
  Serial.print(GetMacAddress()) ;
  Serial.print(")\n") ;

    delay(10000);
}

void printMacAddress() {
  // the MAC address of your WiFi shield
  byte mac[6];

  // print your MAC address:
  WiFi.macAddress(mac);
  Serial.print("MAC: ");
  Serial.print(mac[5], HEX);
  Serial.print(":");
  Serial.print(mac[4], HEX);
  Serial.print(":");
  Serial.print(mac[3], HEX);
  Serial.print(":");
  Serial.print(mac[2], HEX);
  Serial.print(":");
  Serial.print(mac[1], HEX);
  Serial.print(":");
  Serial.println(mac[0], HEX);
}


String GetMacAddress() {
  // the MAC address of your WiFi shield
  String Tmp = "" ;
  byte mac[6];
```

```
    // print your MAC address:
    WiFi.macAddress(mac);
    for (int i=0; i<6; i++)
      {
          Tmp.concat(print2HEX(mac[i])) ;
      }
      Tmp.toUpperCase() ;
    return Tmp ;
}




String    print2HEX(int number) {
    String ttt ;
    if (number >= 0 && number < 16)
    {
      ttt = String("0") + String(number,HEX);
    }
    else
    {
        ttt = String(number,HEX);
    }
    return ttt ;
}
```

程式碼：https://github.com/brucetsao/Industry4_Gateway

如下圖所示，讀者可以看到本次實驗-掃描ＭＡＣ位址測試程式結果畫面。

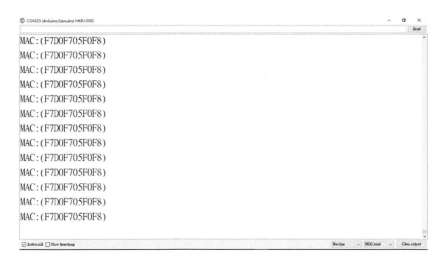

圖 57　掃描ＭＡＣ位址測試程式結果畫面

掃描熱點

首先，如下圖所示，只要將 Arduino MKR1000 插上 MicroUSB 線，將該線差到開發用的電腦就可以了。

圖 58 Arduino MKR1000

我們遵照前幾章所述，將 Arduino 開發板的驅動程式安裝好之後，我們打開 Arduino 開發板的開發工具：Sketch IDE 整合開發軟體，攥寫一段程式，如下表所示之掃描熱點測試程式，我們就可以讓 Arduino MKR1000 開發板找出自己的附近熱點。

表 26 掃描熱點測試程式

掃描熱點測試程式(ScanNetworks_MKR1000)

```
#include <SPI.h>
#include <WiFi101.h>

void setup() {
  //Initialize serial and wait for port to open:
  Serial.begin(9600);
  while (!Serial) {
    ; // wait for serial port to connect. Needed for native USB port only
  }

  // check for the presence of the shield:
  if (WiFi.status() == WL_NO_SHIELD) {
    Serial.println("WiFi shield not present");
    // don't continue:
    while (true);
  }

  // Print WiFi MAC address:
  ShowMAC() ;

  // scan for existing networks:
  Serial.println("Scanning available networks...");
  listNetworks();
}

void loop() {
  delay(10000);
  // scan for existing networks:
  Serial.println("Scanning available networks...");
  listNetworks();
}

void ShowMAC()
```

```
{
    Serial.print("MAC:(") ;
  Serial.print(GetMacAddress()) ;
  Serial.print(")\n") ;
}
void printMacAddress() {
  // the MAC address of your WiFi shield
  byte mac[6];

  // print your MAC address:
  WiFi.macAddress(mac);
  Serial.print("MAC: ");
  Serial.print(mac[0], HEX);
  Serial.print(":");
  Serial.print(mac[1], HEX);
  Serial.print(":");
  Serial.print(mac[2], HEX);
  Serial.print(":");
  Serial.print(mac[3], HEX);
  Serial.print(":");
  Serial.print(mac[4], HEX);
  Serial.print(":");
  Serial.println(mac[5], HEX);
}


String GetMacAddress() {
  // the MAC address of your WiFi shield
  String Tmp = "" ;
  byte mac[6];

  // print your MAC address:
  WiFi.macAddress(mac);
  for (int i=0; i<6; i++)
    {
        Tmp.concat(print2HEX(mac[i])) ;
    }
    Tmp.toUpperCase() ;
  return Tmp ;
```

```
}


String    print2HEX(int number) {
   String ttt ;
   if (number >= 0 && number < 16)
   {
      ttt = String("0") + String(number,HEX);
   }
   else
   {
       ttt = String(number,HEX);
   }
   return ttt ;
}

void listNetworks() {
   // scan for nearby networks:
   Serial.println("** Scan Networks **");
   int numSsid = WiFi.scanNetworks();
   if (numSsid == -1)
   {
      Serial.println("Couldn't get a wifi connection");
      while (true);
   }

   // print the list of networks seen:
   Serial.print("number of available networks:");
   Serial.println(numSsid);

   // print the network number and name for each network found:
   for (int thisNet = 0; thisNet < numSsid; thisNet++) {
      Serial.print(thisNet);
      Serial.print(") ");
      Serial.print(WiFi.SSID(thisNet));
      Serial.print("\tSignal: ");
      Serial.print(WiFi.RSSI(thisNet));
      Serial.print(" dBm");
```

```
        Serial.print("\tEncryption: ");
        printEncryptionType(WiFi.encryptionType(thisNet));
        Serial.flush();
    }
}

void printEncryptionType(int thisType) {
    // read the encryption type and print out the name:
    switch (thisType) {
        case ENC_TYPE_WEP:
            Serial.println("WEP");
            break;
        case ENC_TYPE_TKIP:
            Serial.println("WPA");
            break;
        case ENC_TYPE_CCMP:
            Serial.println("WPA2");
            break;
        case ENC_TYPE_NONE:
            Serial.println("None");
            break;
        case ENC_TYPE_AUTO:
            Serial.println("Auto");
            break;
    }
}
```

程式碼：https://github.com/brucetsao/Industry4_Gateway

如下圖所示，讀者可以看到本次實驗-掃描熱點測試程式結果畫面。

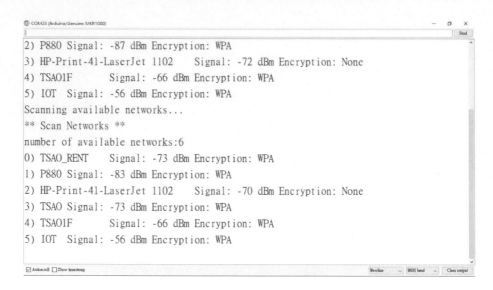

```
2) P880 Signal: -87 dBm Encryption: WPA
3) HP-Print-41-LaserJet 1102    Signal: -72 dBm Encryption: None
4) TSAO1F        Signal: -66 dBm Encryption: WPA
5) IOT  Signal: -56 dBm Encryption: WPA
Scanning available networks...
** Scan Networks **
number of available networks:6
0) TSAO_RENT      Signal: -73 dBm Encryption: WPA
1) P880 Signal: -83 dBm Encryption: WPA
2) HP-Print-41-LaserJet 1102    Signal: -70 dBm Encryption: None
3) TSAO Signal: -73 dBm Encryption: WPA
4) TSAO1F        Signal: -66 dBm Encryption: WPA
5) IOT  Signal: -56 dBm Encryption: WPA
```

圖 59　掃描熱點測試程式結果畫面

掃描熱點進階資訊

首先，如下圖所示，只要將 Arduino MKR1000 插上 MicroUSB 線，將該線差到開發用的電腦就可以了。

圖 60 Arduino MKR1000

我們遵照前幾章所述，將 Arduino 開發板的驅動程式安裝好之後，我們打開 Arduino 開發板的開發工具：Sketch IDE 整合開發軟體，攥寫一段程式，如下表所示之掃描熱點進階資訊測試程式，我們就可以讓 Arduino MKR1000 開發板找出自己的附近熱點。

掃描熱點進階資訊測試程式 (ScanNetworksAdvanced_MKR1000)

```
/*

This example   prints the WiFi 101 shield or MKR1000 MAC address, and
scans for available WiFi networks using the WiFi 101 shield or MKR1000 board.
Every ten seconds, it scans again. It doesn't actually
connect to any network, so no encryption scheme is specified.
BSSID and WiFi channel are printed

Circuit:
 WiFi 101 shield attached or MKR1000 board

This example is based on ScanNetworks

created 1 Mar 2017
by Arturo Guadalupi
*/


#include <SPI.h>
#include <WiFi101.h>

void setup() {
  //Initialize serial and wait for port to open:
  Serial.begin(9600);
  while (!Serial) {
    ; // wait for serial port to connect. Needed for native USB port only
  }

  // check for the presence of the shield:
  if (WiFi.status() == WL_NO_SHIELD) {
    Serial.println("WiFi shield not present");
    // don't continue:
    while (true);
```

```
  }

  // Print WiFi MAC address:
  printMacAddress();

  // scan for existing networks:
  Serial.println();
  Serial.println("Scanning available networks...");
  listNetworks();
}

void loop() {
  delay(10000);
  // scan for existing networks:
  Serial.println("Scanning available networks...");
  listNetworks();
}

void printMacAddress() {
  // the MAC address of your WiFi shield
  byte mac[6];

  // print your MAC address:
  WiFi.macAddress(mac);
  Serial.print("MAC: ");
  print2Digits(mac[5]);
  Serial.print(":");
  print2Digits(mac[4]);
  Serial.print(":");
  print2Digits(mac[3]);
  Serial.print(":");
  print2Digits(mac[2]);
  Serial.print(":");
  print2Digits(mac[1]);
  Serial.print(":");
  print2Digits(mac[0]);
}

void listNetworks() {
```

```
// scan for nearby networks:
Serial.println("** Scan Networks **");
int numSsid = WiFi.scanNetworks();
if (numSsid == -1)
{
   Serial.println("Couldn't get a WiFi connection");
   while (true);
}

// print the list of networks seen:
Serial.print("number of available networks: ");
Serial.println(numSsid);

// print the network number and name for each network found:
for (int thisNet = 0; thisNet < numSsid; thisNet++) {
   Serial.print(thisNet + 1);
   Serial.print(") ");
   Serial.print("Signal: ");
   Serial.print(WiFi.RSSI(thisNet));
   Serial.print(" dBm");
   Serial.print("\tChannel: ");
   Serial.print(WiFi.channel(thisNet));
   byte bssid[6];
   Serial.print("\t\tBSSID: ");
   printBSSID(WiFi.BSSID(thisNet, bssid));
   Serial.print("\tEncryption: ");
   printEncryptionType(WiFi.encryptionType(thisNet));
   Serial.print("\t\tSSID: ");
   Serial.println(WiFi.SSID(thisNet));
   Serial.flush();
}
   Serial.println();
}

void printBSSID(byte bssid[]) {
   print2Digits(bssid[5]);
   Serial.print(":");
   print2Digits(bssid[4]);
   Serial.print(":");
```

```
    print2Digits(bssid[3]);
    Serial.print(":");
    print2Digits(bssid[2]);
    Serial.print(":");
    print2Digits(bssid[1]);
    Serial.print(":");
    print2Digits(bssid[0]);
}

void printEncryptionType(int thisType) {
    // read the encryption type and print out the name:
    switch (thisType) {
        case ENC_TYPE_WEP:
            Serial.print("WEP");
            break;
        case ENC_TYPE_TKIP:
            Serial.print("WPA");
            break;
        case ENC_TYPE_CCMP:
            Serial.print("WPA2");
            break;
        case ENC_TYPE_NONE:
            Serial.print("None");
            break;
        case ENC_TYPE_AUTO:
            Serial.print("Auto");
            break;
    }
}

void print2Digits(byte thisByte) {
    if (thisByte < 0xF) {
        Serial.print("0");
    }
    Serial.print(thisByte, HEX);
}
```

程式碼：https://github.com/brucetsao/Industry4_Gateway

如下圖所示，讀者可以看到本次實驗-掃描熱點進階資訊測試程式結果畫面。

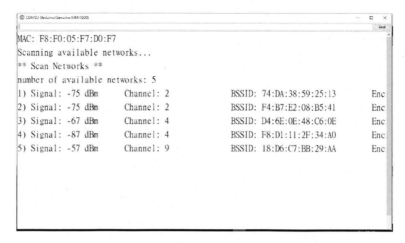

圖 61　掃描熱點進階資訊測試程式結果畫面

掃描開發版韌體版本

首先，如下圖所示，只要將 Arduino MKR1000 插上 MicroUSB 線，將該線差到開發用的電腦就可以了。

圖 62 Arduino MKR1000

我們遵照前幾章所述，將 Arduino 開發板的驅動程式安裝好之後，我們打開

Arduino 開發板的開發工具：Sketch IDE 整合開發軟體，攢寫一段程式，如下表所

示之掃描開發版韌體版本，我們就可以讓 Arduino MKR1000 開發板找出自己的韌體

版本。

表 28 掃描開發版韌體版本測試程式

掃描開發版韌體版本測試程式(CheckWifi101FirmwareVersion_MKR1000)

```
#include <SPI.h>
#include <WiFi101.h>
#include <driver/source/nmasic.h>

void setup() {
  // Initialize serial
  Serial.begin(9600);
  while (!Serial) {
    ; // wait for serial port to connect. Needed for native USB port only
  }

  // Print a welcome message
  Serial.println("WiFi101 firmware check.");
  Serial.println();

  // Check for the presence of the shield
  Serial.print("WiFi101 shield: ");
  if (WiFi.status() == WL_NO_SHIELD) {
    Serial.println("NOT PRESENT");
    return; // don't continue
  }
  Serial.println("DETECTED");

  // Print firmware version on the shield
  String fv = WiFi.firmwareVersion();
  String latestFv;
  Serial.print("Firmware version installed: ");
  Serial.println(fv);
```

```
if (REV(GET_CHIPID()) >= REV_3A0) {
    // model B
    latestFv = WIFI_FIRMWARE_LATEST_MODEL_B;
} else {
    // model A
    latestFv = WIFI_FIRMWARE_LATEST_MODEL_A;
}

// Print required firmware version
Serial.print("Latest firmware version available : ");
Serial.println(latestFv);

// Check if the latest version is installed
Serial.println();
if (fv == latestFv) {
    Serial.println("Check result: PASSED");
} else {
    Serial.println("Check result: NOT PASSED");
    Serial.println(" - The firmware version on the shield do not match the");
    Serial.println("     version required by the library, you may experience");
    Serial.println("     issues or failures.");
}
}

void loop() {
    // do nothing
}
```

程式碼：https://github.com/brucetsao/Industry4_Gateway

如下圖所示，讀者可以看到本次實驗-掃描開發版韌體版本測試程式結果畫面

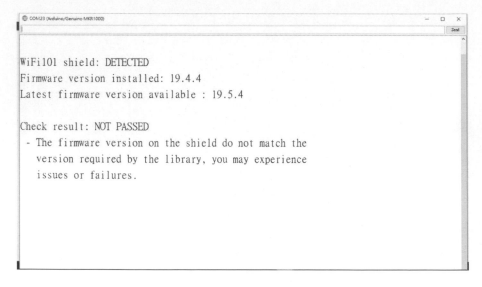

WiFi101 shield: DETECTED
Firmware version installed: 19.4.4
Latest firmware version available : 19.5.4

Check result: NOT PASSED
- The firmware version on the shield do not match the
  version required by the library, you may experience
  issues or failures.

圖 63　掃描開發版韌體版本測試程式結果畫面

更新韌體

首先，如下圖所示，只要將 Arduino MKR1000 插上 MicroUSB 線，將該線差到開發用的電腦就可以了。

圖 64 Arduino MKR1000

我們遵照前幾章所述，將 Arduino 開發板的驅動程式安裝好之後，我們打開 Arduino 開發板的開發工具：Sketch IDE 整合開發軟體，攥寫一段程式，如下表所示之更新韌體程式，我們就可以進行 Arduino MKR1000 開發板韌體更新的程序。

表 29 掃描ＭＡＣ位址測試程式

更新韌體程式(FirmwareUpdater_MKR1000)

```
/*
  FirmwareUpdate.h - Firmware Updater for WiFi101 / WINC1500.
  Copyright (c) 2015 Arduino LLC.   All right reserved.

  This library is free software; you can redistribute it and/or
  modify it under the terms of the GNU Lesser General Public
  License as published by the Free Software Foundation; either
  version 2.1 of the License, or (at your option) any later version.

  This library is distributed in the hope that it will be useful,
  but WITHOUT ANY WARRANTY; without even the implied warranty of
  MERCHANTABILITY or FITNESS FOR A PARTICULAR PURPOSE.   See the
GNU
  Lesser General Public License for more details.

  You should have received a copy of the GNU Lesser General Public
  License along with this library; if not, write to the Free Software
  Foundation, Inc., 51 Franklin St, Fifth Floor, Boston, MA   02110-1301   USA
*/

#include <WiFi101.h>
#include <spi_flash/include/spi_flash.h>

typedef struct __attribute__((__packed__)) {
    uint8_t command;
    uint32_t address;
    uint32_t arg1;
    uint16_t payloadLength;

    // payloadLenght bytes of data follows...
} UartPacket;
```

```cpp
static const int MAX_PAYLOAD_SIZE = 1024;

#define CMD_READ_FLASH          0x01
#define CMD_WRITE_FLASH         0x02
#define CMD_ERASE_FLASH         0x03
#define CMD_MAX_PAYLOAD_SIZE    0x50
#define CMD_HELLO               0x99

void setup() {
  Serial.begin(115200);

  nm_bsp_init();
  if (m2m_wifi_download_mode() != M2M_SUCCESS) {
    Serial.println(F("Failed to put the WiFi module in download mode"));
    while (true)
      ;
  }
}

void receivePacket(UartPacket *pkt, uint8_t *payload) {
  // Read command
  uint8_t *p = reinterpret_cast<uint8_t *>(pkt);
  uint16_t l = sizeof(UartPacket);
  while (l > 0) {
    int c = Serial.read();
    if (c == -1)
      continue;
    *p++ = c;
    l--;
  }

  // Convert parameters from network byte order to cpu byte order
  pkt->address = fromNetwork32(pkt->address);
  pkt->arg1 = fromNetwork32(pkt->arg1);
  pkt->payloadLength = fromNetwork16(pkt->payloadLength);

  // Read payload
  l = pkt->payloadLength;
```

```
    while (l > 0) {
      int c = Serial.read();
      if (c == -1)
        continue;
      *payload++ = c;
      l--;
    }
}


// Allocated statically so the compiler can tell us
// about the amount of used RAM
static UartPacket pkt;
static uint8_t payload[MAX_PAYLOAD_SIZE];

void loop() {
  receivePacket(&pkt, payload);

  if (pkt.command == CMD_HELLO) {
    if (pkt.address == 0x11223344 && pkt.arg1 == 0x55667788)
      Serial.print("v10000");
  }

  if (pkt.command == CMD_MAX_PAYLOAD_SIZE) {
    uint16_t res = toNetwork16(MAX_PAYLOAD_SIZE);
    Serial.write(reinterpret_cast<uint8_t *>(&res), sizeof(res));
  }

  if (pkt.command == CMD_READ_FLASH) {
    uint32_t address = pkt.address;
    uint32_t len = pkt.arg1;
    if (spi_flash_read(payload, address, len) != M2M_SUCCESS) {
      Serial.println("ER");
    } else {
      Serial.write(payload, len);
      Serial.print("OK");
    }
  }

  if (pkt.command == CMD_WRITE_FLASH) {
```

```
    uint32_t address = pkt.address;
    uint32_t len = pkt.payloadLength;
    if (spi_flash_write(payload, address, len) != M2M_SUCCESS) {
      Serial.print("ER");
    } else {
      Serial.print("OK");
    }
  }

  if (pkt.command == CMD_ERASE_FLASH) {
    uint32_t address = pkt.address;
    uint32_t len = pkt.arg1;
    if (spi_flash_erase(address, len) != M2M_SUCCESS) {
      Serial.print("ER");
    } else {
      Serial.print("OK");
    }
  }
}
```

更新韌體程式(Endianess)

```
/*
  Endianess.ino - Network byte order conversion functions.
  Copyright (c) 2015 Arduino LLC.    All right reserved.

  This library is free software; you can redistribute it and/or
  modify it under the terms of the GNU Lesser General Public
  License as published by the Free Software Foundation; either
  version 2.1 of the License, or (at your option) any later version.

  This library is distributed in the hope that it will be useful,
  but WITHOUT ANY WARRANTY; without even the implied warranty of
  MERCHANTABILITY or FITNESS FOR A PARTICULAR PURPOSE.   See the
GNU
  Lesser General Public License for more details.

  You should have received a copy of the GNU Lesser General Public
  License along with this library; if not, write to the Free Software
```

```
    Foundation, Inc., 51 Franklin St, Fifth Floor, Boston, MA    02110-1301    USA
*/


bool isBigEndian() {
    uint32_t test = 0x11223344;
    uint8_t *pTest = reinterpret_cast<uint8_t *>(&test);
    return pTest[0] == 0x11;
}

uint32_t fromNetwork32(uint32_t from) {
    static const bool be = isBigEndian();
    if (be) {
        return from;
    } else {
        uint8_t *pFrom = reinterpret_cast<uint8_t *>(&from);
        uint32_t to;
        to = pFrom[0]; to <<= 8;
        to |= pFrom[1]; to <<= 8;
        to |= pFrom[2]; to <<= 8;
        to |= pFrom[3];
        return to;
    }
}

uint16_t fromNetwork16(uint16_t from) {
    static bool be = isBigEndian();
    if (be) {
        return from;
    } else {
        uint8_t *pFrom = reinterpret_cast<uint8_t *>(&from);
        uint16_t to;
        to = pFrom[0]; to <<= 8;
        to |= pFrom[1];
        return to;
    }
}

uint32_t toNetwork32(uint32_t to) {
```

```
    return fromNetwork32(to);
}

uint16_t toNetwork16(uint16_t to) {
    return fromNetwork16(to);
}
```

程式碼：https://github.com/brucetsao/Industry4_Gateway

　　如下圖所示，讀者可以看到本次實驗-更新韌體之後，我們先將程式上傳完畢後。

圖 65　上傳韌體更新程式畫面

接下來如下圖所示，我們啟動更新工具畫面。

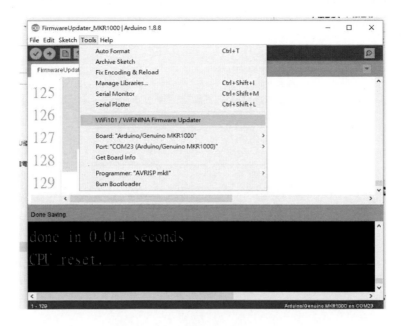

圖 66　啟動更新工具畫面

接下來如下圖所示，我們進入韌體更新工具畫面。

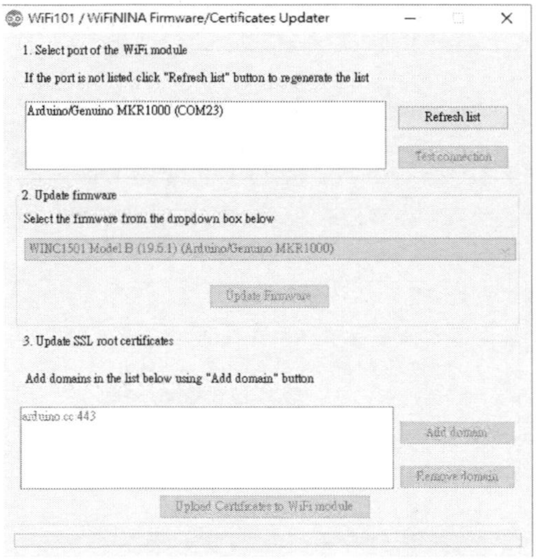

圖 67　韌體更新工具畫面

接下來如下圖所示，我們必須先行更新通訊埠。

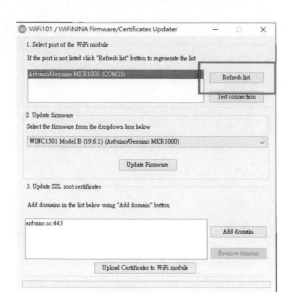

圖 68　更新通訊埠

接下來如下圖所示，我們啟動更新韌體。

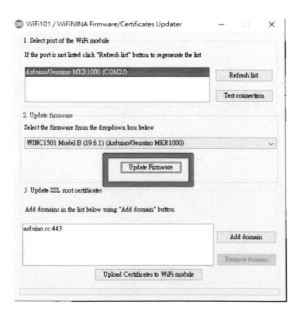

圖 69　啟動更新韌體

接下來如下圖所示，我們看到韌體更新完畢畫面

圖 70　韌體更新完畢

接下來如下圖所示，我們看到更新 SSL 畫面

圖 71　更新 SSL 畫面

接下來如下圖所示，我們選擇 SSL 版本

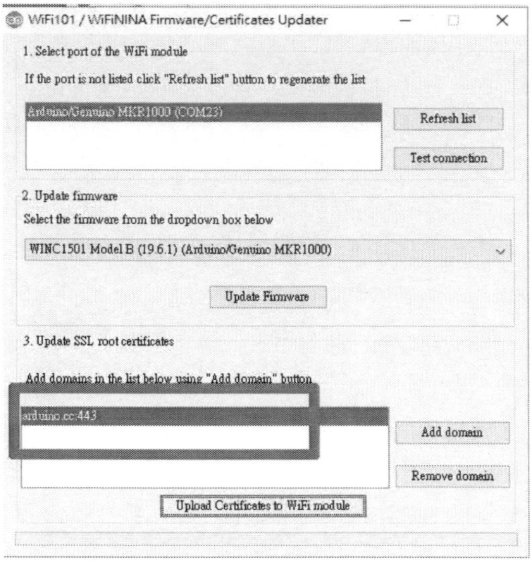

圖 72　選擇 SSL 版本

接下來如下圖所示，我們開始更新 SSL

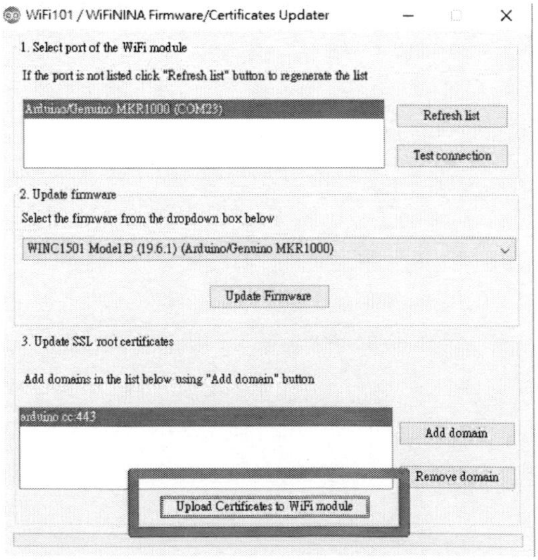

圖 73　開始更新 SSL 畫面

接下來如下圖所示，我們看到更新 SSL 韌體中畫面

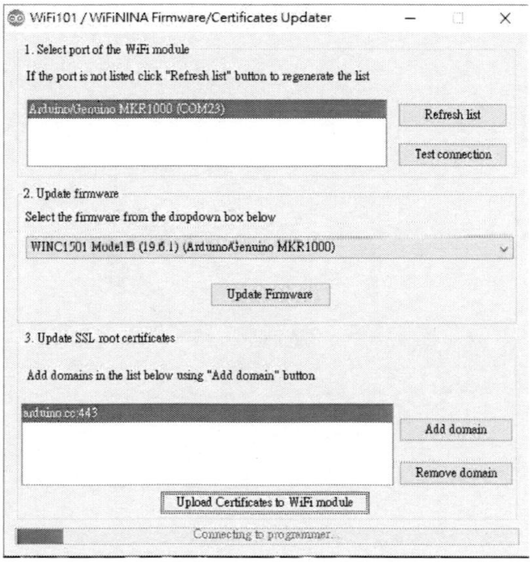

圖 74　更新 SSL 韌體中

接下來如下圖所示，我們看到完成更新 SSL 畫面

圖 75　完成更新 SSL 畫面

Ｐｉng 主機

首先，如下圖所示，只要將 Arduino MKR1000 插上 MicroUSB 線，將該線差到開發用的電腦就可以了。

圖 76 Arduino MKR1000

我們遵照前幾章所述，將 Arduino 開發板的驅動程式安裝好之後，我們打開 Arduino 開發板的開發工具：Sketch IDE 整合開發軟體，攥寫一段程式，如下表所示之 Ping 主機測試程式，我們就可以讓 Arduino MKR1000 開發板找出 Ping 到某台主機。

表 30 Ping 主機測試程式

Ping 主機測試程式 (WiFiPing_MKR1000)
| ```
#include <SPI.h>
#include <WiFi101.h>

#include "arduino_secrets.h"
//////please enter your sensitive data in the Secret tab/arduino_secrets.h
char ssid[] = SECRET_SSID;           // your network SSID (name)
char pass[] = SECRET_PASS;        // your network password (use for WPA, or use as key for WEP)
int status = WL_IDLE_STATUS;          // the WiFi radio's status
``` |
```

```
// Specify IP address or hostname
String hostName = "www.google.com";
int pingResult;

void setup() {
    // Initialize serial and wait for port to open:
    Serial.begin(9600);
    while (!Serial) {
        ; // wait for serial port to connect. Needed for native USB port only
    }

    // check for the presence of the shield:
    if (WiFi.status() == WL_NO_SHIELD) {
        Serial.println("WiFi shield not present");
        // don't continue:
        while (true);
    }

    // attcmpt to connect to WiFi network:
    while ( status != WL_CONNECTED) {
        Serial.print("Attempting to connect to WPA SSID: ");
        Serial.println(ssid);
        // Connect to WPA/WPA2 network:
        status = WiFi.begin(ssid, pass);

        // wait 5 seconds for connection:
        delay(5000);
    }

    // you're connected now, so print out the data:
    Serial.println("You're connected to the network");
    printCurrentNet();
    printWiFiData();
}

void loop() {
    Serial.print("Pinging ");
    Serial.print(hostName);
```

```
    Serial.print(": ");

    pingResult = WiFi.ping(hostName);

    if (pingResult >= 0) {
        Serial.print("SUCCESS! RTT = ");
        Serial.print(pingResult);
        Serial.println(" ms");
    } else {
        Serial.print("FAILED! Error code: ");
        Serial.println(pingResult);
    }

    delay(5000);
}

void printWiFiData() {
    // print your WiFi shield's IP address:
    IPAddress ip = WiFi.localIP();
    Serial.print("IP address : ");
    Serial.println(ip);

    Serial.print("Subnet mask: ");
    Serial.println((IPAddress)WiFi.subnetMask());

    Serial.print("Gateway IP : ");
    Serial.println((IPAddress)WiFi.gatewayIP());

    // print your MAC address:
    byte mac[6];
    WiFi.macAddress(mac);
    Serial.print("MAC address: ");
    Serial.print(mac[5], HEX);
    Serial.print(":");
    Serial.print(mac[4], HEX);
    Serial.print(":");
    Serial.print(mac[3], HEX);
    Serial.print(":");
    Serial.print(mac[2], HEX);
```

```
    Serial.print(":");
    Serial.print(mac[1], HEX);
    Serial.print(":");
    Serial.println(mac[0], HEX);
    Serial.println();
}

void printCurrentNet() {
    // print the SSID of the network you're attached to:
    Serial.print("SSID: ");
    Serial.println(WiFi.SSID());

    // print the MAC address of the router you're attached to:
    byte bssid[6];
    WiFi.BSSID(bssid);
    Serial.print("BSSID: ");
    Serial.print(bssid[5], HEX);
    Serial.print(":");
    Serial.print(bssid[4], HEX);
    Serial.print(":");
    Serial.print(bssid[3], HEX);
    Serial.print(":");
    Serial.print(bssid[2], HEX);
    Serial.print(":");
    Serial.print(bssid[1], HEX);
    Serial.print(":");
    Serial.println(bssid[0], HEX);

    // print the received signal strength:
    long rssi = WiFi.RSSI();
    Serial.print("signal strength (RSSI): ");
    Serial.println(rssi);

    // print the encryption type:
    byte encryption = WiFi.encryptionType();
    Serial.print("Encryption Type: ");
    Serial.println(encryption, HEX);
    Serial.println();
}
```

程式碼：https://github.com/brucetsao/Industry4_Gateway

如下圖所示，讀者可以看到本次實驗-Ping 主機測試程式。

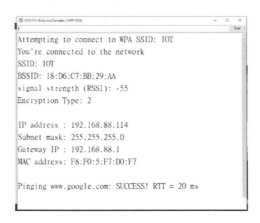

圖 77　Ping 主機測試程式結果畫面

連接熱點(無密碼)

首先，如下圖所示，只要將 Arduino MKR1000 插上 MicroUSB 線，將該線差到開發用的電腦就可以了。

圖 78 Arduino MKR1000

我們遵照前幾章所述，將 Arduino 開發板的驅動程式安裝好之後，我們打開 Arduino 開發板的開發工具：Sketch IDE 整合開發軟體，攥寫一段程式，如下表所示之使用無密碼的熱點連線測試程式，我們就可以讓 Arduino MKR1000 開發板連上熱點。

表 31 使用無密碼的熱點連線測試程式

使用無密碼的熱點連線測試程式 (ConnectNoEncryption_MKR1000)

```
#include <SPI.h>
#include <WiFi101.h>
#include "arduino_secrets.h"
///////please enter your sensitive data in the Secret tab/arduino_secrets.h
char ssid[] = SECRET_SSID;          // your network SSID (name)
int status = WL_IDLE_STATUS;        // the WiFi radio's status

void setup() {
  //Initialize serial and wait for port to open:
  Serial.begin(9600);
  while (!Serial) {
    ; // wait for serial port to connect. Needed for native USB port only
  }

  // check for the presence of the shield:
  if (WiFi.status() == WL_NO_SHIELD) {
    Serial.println("WiFi shield not present");
    // don't continue:
    while (true);
  }

  // attempt to connect to WiFi network:
  while ( status != WL_CONNECTED) {
    Serial.print("Attempting to connect to open SSID: ");
    Serial.println(ssid);
    status = WiFi.begin(ssid);

    // wait 10 seconds for connection:
    delay(10000);
  }

  // you're connected now, so print out the data:
  Serial.print("You're connected to the network");
```

```
    printCurrentNet();
    printWiFiData();
}

void loop() {
    // check the network connection once every 10 seconds:
    delay(10000);
    printCurrentNet();
}

void printWiFiData() {
    // print your WiFi shield's IP address:
    IPAddress ip = WiFi.localIP();
    Serial.print("IP Address: ");
    Serial.println(ip);
    Serial.println(ip);

    // print your MAC address:
    byte mac[6];
    WiFi.macAddress(mac);
    Serial.print("MAC address: ");
    Serial.print(mac[5], HEX);
    Serial.print(":");
    Serial.print(mac[4], HEX);
    Serial.print(":");
    Serial.print(mac[3], HEX);
    Serial.print(":");
    Serial.print(mac[2], HEX);
    Serial.print(":");
    Serial.print(mac[1], HEX);
    Serial.print(":");
    Serial.println(mac[0], HEX);

    // print your subnet mask:
    IPAddress subnet = WiFi.subnetMask();
    Serial.print("NetMask: ");
    Serial.println(subnet);

    // print your gateway address:
```

```
    IPAddress gateway = WiFi.gatewayIP();
    Serial.print("Gateway: ");
    Serial.println(gateway);
}

void printCurrentNet() {
    // print the SSID of the network you're attached to:
    Serial.print("SSID: ");
    Serial.println(WiFi.SSID());

    // print the MAC address of the router you're attached to:
    byte bssid[6];
    WiFi.BSSID(bssid);
    Serial.print("BSSID: ");
    Serial.print(bssid[5], HEX);
    Serial.print(":");
    Serial.print(bssid[4], HEX);
    Serial.print(":");
    Serial.print(bssid[3], HEX);
    Serial.print(":");
    Serial.print(bssid[2], HEX);
    Serial.print(":");
    Serial.print(bssid[1], HEX);
    Serial.print(":");
    Serial.println(bssid[0], HEX);

    // print the received signal strength:
    long rssi = WiFi.RSSI();
    Serial.print("signal strength (RSSI):");
    Serial.println(rssi);

    // print the encryption type:
    byte encryption = WiFi.encryptionType();
    Serial.print("Encryption Type:");
    Serial.println(encryption, HEX);
}
```

程式碼：https://github.com/brucetsao/Industry4_Gateway

如下圖所示，讀者可以看到本次實驗-使用無密碼的熱點連線測試程式結果畫面。

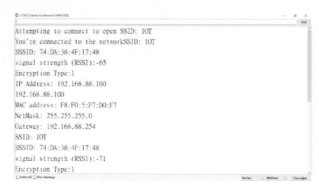

圖 79　使用無密碼的熱點連線測試程式結果畫面

連接熱點(WPA)

首先，如下圖所示，只要將 Arduino MKR1000 插上 MicroUSB 線，將該線差到開發用的電腦就可以了。

圖　80 Arduino MKR1000

我們遵照前幾章所述，將 Arduino 開發板的驅動程式安裝好之後，我們打開 Arduino 開發板的開發工具：Sketch IDE 整合開發軟體，攥寫一段程式，如下表所示之使用 WPA 密碼的熱點連線測試程式，我們就可以讓 Arduino MKR1000 開發板連上熱點。

表 32 使用 WPA 密碼的熱點連線測試程式

使用 WPA 密碼的熱點連線測試程式 (ConnectWithWPA_MKR1000)

```cpp
#include <SPI.h>
#include <WiFi101.h>

#include "arduino_secrets.h"
//////please enter your sensitive data in the Secret tab/arduino_secrets.h
char ssid[] = SECRET_SSID;          // your network SSID (name)
char pass[] = SECRET_PASS;       // your network password (use for WPA, or use as
key for WEP)
int status = WL_IDLE_STATUS;        // the WiFi radio's status

void setup() {
  //Initialize serial and wait for port to open:
  Scrial.bcgin(9600);
  while (!Serial) {
    ; // wait for serial port to connect. Needed for native USB port only
  }

  // check for the presence of the shield:
  if (WiFi.status() == WL_NO_SHIELD) {
    Serial.println("WiFi shield not present");
    // don't continue:
    while (true);
  }

  // attempt to connect to WiFi network:
  while ( status != WL_CONNECTED) {
    Serial.print("Attempting to connect to WPA SSID: ");
    Serial.println(ssid);
    // Connect to WPA/WPA2 network:
    status = WiFi.begin(ssid, pass);

    // wait 10 seconds for connection:
    delay(10000);
  }
```

```
  // you're connected now, so print out the data:
  Serial.print("You're connected to the network");
  printCurrentNet();
  printWiFiData();

}

void loop() {
  // check the network connection once every 10 seconds:
  delay(10000);
  printCurrentNet();
}

void printWiFiData() {
  // print your WiFi shield's IP address:
  IPAddress ip = WiFi.localIP();
  Serial.print("IP Address: ");
  Serial.println(ip);
  Serial.println(ip);

  // print your MAC address:
  byte mac[6];
  WiFi.macAddress(mac);
  Serial.print("MAC address: ");
  Serial.print(mac[5], HEX);
  Serial.print(":");
  Serial.print(mac[4], HEX);
  Serial.print(":");
  Serial.print(mac[3], HEX);
  Serial.print(":");
  Serial.print(mac[2], HEX);
  Serial.print(":");
  Serial.print(mac[1], HEX);
  Serial.print(":");
  Serial.println(mac[0], HEX);

}

void printCurrentNet() {
```

```
// print the SSID of the network you're attached to:
Serial.print("SSID: ");
Serial.println(WiFi.SSID());

// print the MAC address of the router you're attached to:
byte bssid[6];
WiFi.BSSID(bssid);
Serial.print("BSSID: ");
Serial.print(bssid[5], HEX);
Serial.print(":");
Serial.print(bssid[4], HEX);
Serial.print(":");
Serial.print(bssid[3], HEX);
Serial.print(":");
Serial.print(bssid[2], HEX);
Serial.print(":");
Serial.print(bssid[1], HEX);
Serial.print(":");
Serial.println(bssid[0], HEX);

// print the received signal strength:
long rssi = WiFi.RSSI();
Serial.print("signal strength (RSSI):");
Serial.println(rssi);

// print the encryption type:
byte encryption = WiFi.encryptionType();
Serial.print("Encryption Type:");
Serial.println(encryption, HEX);
Serial.println();
}
```

程式碼：https://github.com/brucetsao/Industry4_Gateway

如下圖所示，讀者可以看到本次實驗-使用 WPA 密碼的熱點連線測試程式結果畫面。

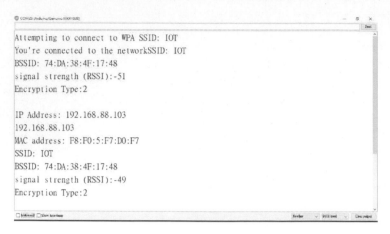

圖 81 使用 WPA 密碼的熱點連線測試程式結果畫面

連接熱點(WEP)

首先，如下圖所示，只要將 Arduino MKR1000 插上 MicroUSB 線，將該線差到開發用的電腦就可以了。

圖 82 Arduino MKR1000

我們遵照前幾章所述，將 Arduino 開發板的驅動程式安裝好之後，我們打開 Arduino 開發板的開發工具：Sketch IDE 整合開發軟體，攥寫一段程式，如下表所示之使用 WEP 密碼的熱點連線測試程式，我們就可以讓 Arduino MKR1000 開發板連上熱點。

表 33 使用 WEP 密碼的熱點連線測試程式

使用 WEP 密碼的熱點連線測試程式(ConnectWithWPA_MKR1000)

```
#include <SPI.h>
#include <WiFi101.h>

#include "arduino_secrets.h"
///////please enter your sensitive data in the Secret tab/arduino_secrets.h
char ssid[] = SECRET_SSID;          // your network SSID (name)
char key[] = SECRET_PASS;      // your network password (use for WPA, or use as
key for WEP)
int keyIndex = 0;                                      // your network key Index
number
int status = WL_IDLE_STATUS;                            // the WiFi radio's status

void setup() {
  //Initialize serial and wait for port to open:
  Serial.begin(9600);
  while (!Serial) {
    ; // wait for serial port to connect. Needed for native USB port only
  }

  // check for the presence of the shield:
  if (WiFi.status() == WL_NO_SHIELD) {
    Serial.println("WiFi shield not present");
    // don't continue:
    while (true);
  }

  // attempt to connect to WiFi network:
  while ( status != WL_CONNECTED) {
    Serial.print("Attempting to connect to WEP network, SSID: ");
    Serial.println(ssid);
    status = WiFi.begin(ssid, keyIndex, key);

    // wait 10 seconds for connection:
    delay(10000);
  }

  // once you are connected :
  Serial.print("You're connected to the network");
```

```
    printCurrentNet();
    printWiFiData();
}

void loop() {
    // check the network connection once every 10 seconds:
    delay(10000);
    printCurrentNet();
}

void printWiFiData() {
    // print your WiFi shield's IP address:
    IPAddress ip = WiFi.localIP();
    Serial.print("IP Address: ");
    Serial.println(ip);
    Serial.println(ip);

    // print your MAC address:
    byte mac[6];
    WiFi.macAddress(mac);
    Serial.print("MAC address: ");
    Serial.print(mac[5], HEX);
    Serial.print(":");
    Serial.print(mac[4], HEX);
    Serial.print(":");
    Serial.print(mac[3], HEX);
    Serial.print(":");
    Serial.print(mac[2], HEX);
    Serial.print(":");
    Serial.print(mac[1], HEX);
    Serial.print(":");
    Serial.println(mac[0], HEX);
}

void printCurrentNet() {
    // print the SSID of the network you're attached to:
    Serial.print("SSID: ");
    Serial.println(WiFi.SSID());
```

```
// print the MAC address of the router you're attached to:
byte bssid[6];
WiFi.BSSID(bssid);
Serial.print("BSSID: ");
Serial.print(bssid[5], HEX);
Serial.print(":");
Serial.print(bssid[4], HEX);
Serial.print(":");
Serial.print(bssid[3], HEX);
Serial.print(":");
Serial.print(bssid[2], HEX);
Serial.print(":");
Serial.print(bssid[1], HEX);
Serial.print(":");
Serial.println(bssid[0], HEX);

// print the received signal strength:
long rssi = WiFi.RSSI();
Serial.print("signal strength (RSSI):");
Serial.println(rssi);

// print the encryption type:
byte encryption = WiFi.encryptionType();
Serial.print("Encryption Type:");
Serial.println(encryption, HEX);
Serial.println();
}
```

程式碼：https://github.com/brucetsao/Industry4_Gateway

如下圖所示，讀者可以看到本次實驗-使用 WEP 密碼的熱點連線測試程式結
果畫面。

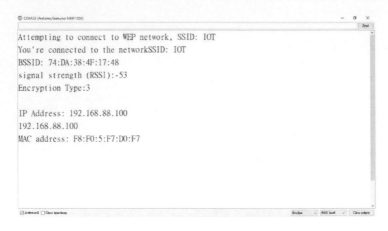

Attempting to connect to WEP network, SSID: IOT
You're connected to the networkSSID: IOT
BSSID: 74:DA:38:4F:17:48
signal strength (RSSI):-53
Encryption Type:3

IP Address: 192.168.88.100
192.168.88.100
MAC address: F8:F0:5:F7:D0:F7

圖 83　使用 WEP 密碼的熱點連線測試程式結果畫面

建立簡單熱點專用之網頁伺服器

首先，如下圖所示，只要將 Arduino MKR1000 插上 MicroUSB 線，將該線差到開發用的電腦就可以了。

圖 84 Arduino MKR1000

我們遵照前幾章所述，將 Arduino 開發板的驅動程式安裝好之後，我們打開 Arduino 開發板的開發工具：Sketch IDE 整合開發軟體，攥寫一段程式，如下表所示之建立簡單熱點專用之網頁伺服器，我們就可以讓 Arduino MKR1000 開發板建立一個熱點中心，並在熱點中心建立一個簡單的網頁伺服器，進行 GPIO 的讀寫控制。

表 34 建立簡單熱點專用之網頁伺服器

建立簡單熱點專用之網頁伺服器 (ScanMAC_MKR1000)

```
#include <SPI.h>
#include <WiFi101.h>
#include "arduino_secrets.h"
///////please enter your sensitive data in the Secret tab/arduino_secrets.h
char ssid[] = SECRET_SSID;          // your network SSID (name)
char pass[] = SECRET_PASS;      // your network password (use for WPA, or use as
key for WEP)
int keyIndex = 0;                   // your network key Index number (needed only
for WEP)

int led =   LED_BUILTIN;
int status = WL_IDLE_STATUS;
WiFiServer server(80);

void setup() {
  //Initialize serial and wait for port to open:
  Serial.begin(9600);
  while (!Serial) {
    ; // wait for serial port to connect. Needed for native USB port only
  }

  Serial.println("Access Point Web Server");

  pinMode(led, OUTPUT);         // set the LED pin mode

  // check for the presence of the shield:
  if (WiFi.status() == WL_NO_SHIELD) {
    Serial.println("WiFi shield not present");
    // don't continue
    while (true);
  }

  // by default the local IP address of will be 192.168.1.1
  // you can override it with the following:
  // WiFi.config(IPAddress(10, 0, 0, 1));
```

```
// print the network name (SSID);
Serial.print("Creating access point named: ");
Serial.println(ssid);

// Create open network. Change this line if you want to create an WEP network:
status = WiFi.beginAP(ssid);
if (status != WL_AP_LISTENING) {
    Serial.println("Creating access point failed");
    // don't continue
    while (true);
}

// wait 10 seconds for connection:
delay(10000);

// start the web server on port 80
server.begin();

// you're connected now, so print out the status
printWiFiStatus();
}


void loop() {
    // compare the previous status to the current status
    if (status != WiFi.status()) {
        // it has changed update the variable
        status = WiFi.status();

        if (status == WL_AP_CONNECTED) {
            byte remoteMac[6];

            // a device has connected to the AP
            Serial.print("Device connected to AP, MAC address: ");
            WiFi.APClientMacAddress(remoteMac);
            Serial.print(remoteMac[5], HEX);
            Serial.print(":");
            Serial.print(remoteMac[4], HEX);
            Serial.print(":");
```

```
        Serial.print(remoteMac[3], HEX);
        Serial.print(":");
        Serial.print(remoteMac[2], HEX);
        Serial.print(":");
        Serial.print(remoteMac[1], HEX);
        Serial.print(":");
        Serial.println(remoteMac[0], HEX);
    } else {
        // a device has disconnected from the AP, and we are back in listening mode
        Serial.println("Device disconnected from AP");
    }
}


    WiFiClient client = server.available();     // listen for incoming clients

    if (client) {                               // if you get a client,
        Serial.println("new client");           // print a message out the serial port
        String currentLine = "";                // make a String to hold incoming data
from the client
        while (client.connected()) {            // loop while the client's connected
            if (client.available()) {           // if there's bytes to read from the client,
                char c = client.read();         // read a byte, then
                Serial.write(c);                // print it out the serial monitor
                if (c == '\n') {                // if the byte is a newline character

                    // if the current line is blank, you got two newline characters in a row.
                    // that's the end of the client HTTP request, so send a response:
                    if (currentLine.length() == 0) {
                        // HTTP headers always start with a response code (e.g. HTTP/1.1 200
OK)
                        // and a content-type so the client knows what's coming, then a blank
line:
                        client.println("HTTP/1.1 200 OK");
                        client.println("Content-type:text/html");
                        client.println();

                        // the content of the HTTP response follows the header:
                        client.print("Click <a href=\"/H\">here</a> turn the LED on<br>");
                        client.print("Click <a href=\"/L\">here</a> turn the LED off<br>");
```

```cpp
                    // The HTTP response ends with another blank line:
                    client.println();
                    // break out of the while loop:
                    break;
                }
                else {          // if you got a newline, then clear currentLine:
                    currentLine = "";
                }
            }
            else if (c != '\r') {       // if you got anything else but a carriage return charac-
ter,
                currentLine += c;          // add it to the end of the currentLine
            }

            // Check to see if the client request was "GET /H" or "GET /L":
            if (currentLine.endsWith("GET /H")) {
                digitalWrite(led, HIGH);                    // GET /H turns the LED on
            }
            if (currentLine.endsWith("GET /L")) {
                digitalWrite(led, LOW);                     // GET /L turns the LED off
            }
        }
    }
    // close the connection:
    client.stop();
    Serial.println("client disconnected");
  }
}

void printWiFiStatus() {
  // print the SSID of the network you're attached to:
  Serial.print("SSID: ");
  Serial.println(WiFi.SSID());

  // print your WiFi shield's IP address:
  IPAddress ip = WiFi.localIP();
  Serial.print("IP Address: ");
  Serial.println(ip);
```

```
// print the received signal strength:
long rssi = WiFi.RSSI();
Serial.print("signal strength (RSSI):");
Serial.print(rssi);
Serial.println(" dBm");
// print where to go in a browser:
Serial.print("To see this page in action, open a browser to http://");
Serial.println(ip);


}
```

程式碼：https://github.com/brucetsao/Industry4_Gateway

如下圖所示，讀者可以看到本次實驗-建立簡單熱點專用之網頁伺服器結果畫面。

首先如下圖所示，先看到開發版建立的熱點，我們先用電腦瀏覽器連到這個熱點。

圖 85　連接開發版建立之熱點

首先如下圖所示，我們先用電腦瀏覽器連到這個熱點的網址,預設為：192.168.1.1。

圖 86　連接簡單網站

首先如下圖所示，我們可以看到監控視窗，可以看到有人連入的訊息，並且回應網頁資料給連線端。

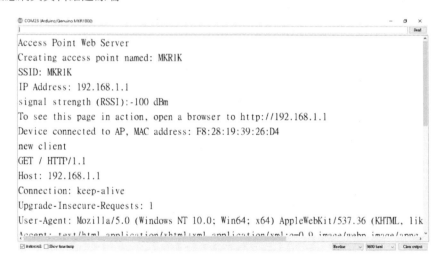

圖 87　監控端回應網頁連線資訊

首先如下圖所示，我們可以用網頁方式開啟開發版 LED。

圖 88　用網頁方式開啟開發版 LED

連接熱點建立簡單網頁伺服器

首先，如下圖所示，只要將 Arduino MKR1000 插上 MicroUSB 線，將該線差到開發用的電腦就可以了。

圖 89 Arduino MKR1000

我們遵照前幾章所述，將 Arduino 開發板的驅動程式安裝好之後，我們打開 Arduino 開發板的開發工具：Sketch IDE 整合開發軟體，攥寫一段程式，如下表所示之連接熱點建立簡單網頁伺服器，我們就可以讓 Arduino MKR1000 開發板連接一個熱點中心，並建立一個簡單的網頁伺服器，進行 GPIO 的讀寫控制。

表 35 連接熱點建立簡單網頁伺服器

連接熱點建立簡單網頁伺服器 (SimpleWebServerWiFi_MKR1000)

```
#include <SPI.h>
#include <WiFi101.h>

#include "arduino_secrets.h"
///////please enter your sensitive data in the Secret tab/arduino_secrets.h
char ssid[] = SECRET_SSID;          // your network SSID (name)
char pass[] = SECRET_PASS;       // your network password (use for WPA, or use as
key for WEP)
int keyIndex = 0;                        // your network key Index number (needed only
for WEP)

int status = WL_IDLE_STATUS;
WiFiServer server(80);

void setup() {
  Serial.begin(9600);         // initialize serial communication
  pinMode(9, OUTPUT);         // set the LED pin mode

  // check for the presence of the shield:
  if (WiFi.status() == WL_NO_SHIELD) {
    Serial.println("WiFi shield not present");
    while (true);           // don't continue
  }

  // attempt to connect to WiFi network:
  while ( status != WL_CONNECTED) {
    Serial.print("Attempting to connect to Network named: ");
    Serial.println(ssid);                        // print the network name (SSID);

    // Connect to WPA/WPA2 network. Change this line if using open or WEP net-
work:
    status = WiFi.begin(ssid, pass);
```

```
    // wait 10 seconds for connection:
    delay(10000);
  }
  server.begin();                         // start the web server on port 80
  printWiFiStatus();                      // you're connected now, so print out
the status
}


void loop() {
  WiFiClient client = server.available();   // listen for incoming clients

  if (client) {                               // if you get a client,
    Serial.println("new client");            // print a message out the serial port
    String currentLine = "";                  // make a String to hold incoming data
from the client
    while (client.connected()) {              // loop while the client's connected
      if (client.available()) {               // if there's bytes to read from the client,
        char c = client.read();               // read a byte, then
        Serial.write(c);                       // print it out the serial monitor
        if (c == '\n') {                       // if the byte is a newline character

          // if the current line is blank, you got two newline characters in a row.
          // that's the end of the client HTTP request, so send a response:
          if (currentLine.length() == 0) {
            // HTTP headers always start with a response code (e.g. HTTP/1.1 200
OK)
            // and a content-type so the client knows what's coming, then a blank
line:
            client.println("HTTP/1.1 200 OK");
            client.println("Content-type:text/html");
            client.println();

            // the content of the HTTP response follows the header:
            client.print("Click <a href=\"/H\">here</a> turn the LED on pin 9
on<br>");
            client.print("Click <a href=\"/L\">here</a> turn the LED on pin 9
off<br>");
```

```
                // The HTTP response ends with another blank line:
                client.println();
                // break out of the while loop:
                break;
              }
              else {        // if you got a newline, then clear currentLine:
                currentLine = "";
              }
            }
            else if (c != '\r') {      // if you got anything else but a carriage return charac-
ter,
                currentLine += c;        // add it to the end of the currentLine
            }

            // Check to see if the client request was "GET /H" or "GET /L":
            if (currentLine.endsWith("GET /H")) {
                digitalWrite(9, HIGH);                      // GET /H turns the LED on
            }
            if (currentLine.endsWith("GET /L")) {
                digitalWrite(9, LOW);                       // GET /L turns the LED off
            }
          }
        }
        // close the connection:
        client.stop();
        Serial.println("client disonnected");
    }
}

void printWiFiStatus() {
    // print the SSID of the network you're attached to:
    Serial.print("SSID: ");
    Serial.println(WiFi.SSID());

    // print your WiFi shield's IP address:
    IPAddress ip = WiFi.localIP();
    Serial.print("IP Address: ");
    Serial.println(ip);
```

```
// print the received signal strength:
long rssi = WiFi.RSSI();
Serial.print("signal strength (RSSI):");
Serial.print(rssi);
Serial.println(" dBm");
// print where to go in a browser:
Serial.print("To see this page in action, open a browser to http://");
Serial.println(ip);
}
```

程式碼：https://github.com/brucetsao/Industry4_Gateway

如下圖所示，讀者可以看到本次實驗-連接熱點建立簡單網頁伺服器結果畫面。

首先如下圖所示，先看到開發版連接熱點，我們先用電腦瀏覽器連到這個熱點。

圖 90　連接熱點

首先如下圖所示，我們可以看到監控視窗，可以看到網頁伺服器的網址為：192.168.88.100。

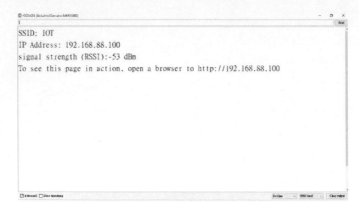

圖 91　連到熱點之監控畫面

首先如下圖所示，我們先用電腦瀏覽器連到上圖所示之網址,預設為：
192.168.88.100。

圖 92　連接到建立簡單網頁伺服器

首先如下圖所示，我們可以用網頁方式開啟開發版 LED。

圖 93　用網頁方式開啟開發版 LED(簡單伺服器)

連接熱點建立網頁伺服器

首先，如下圖所示，只要將 Arduino MKR1000 插上 MicroUSB 線，將該線差到開發用的電腦就可以了。

圖 94 Arduino MKR1000

我們遵照前幾章所述，將 Arduino 開發板的驅動程式安裝好之後，我們打開 Arduino 開發板的開發工具：Sketch IDE 整合開發軟體，攥寫一段程式，如下表所示之連接熱點建立簡單網頁伺服器，我們就可以讓 Arduino MKR1000 開發板連接一個熱點中心，並建立一個的網頁伺服器，進行類比訊號的讀取控制。

表 36 連接熱點建立網頁伺服器

連接熱點建立網頁伺服器 (WiFiWebServer_MKR1000)

```
#include <SPI.h>
#include <WiFi101.h>


#include "arduino_secrets.h"
///////please enter your sensitive data in the Secret tab/arduino_secrets.h
char ssid[] = SECRET_SSID;          // your network SSID (name)
char pass[] = SECRET_PASS;       // your network password (use for WPA, or use as
key for WEP)
int keyIndex = 0;                              // your network key Index number (needed only
for WEP)

int status = WL_IDLE_STATUS;

WiFiServer server(80);

void setup() {
  //Initialize serial and wait for port to open:
  Serial.begin(9600);
  while (!Serial) {
    ; // wait for serial port to connect. Needed for native USB port only
  }

  // check for the presence of the shield:
  if (WiFi.status() == WL_NO_SHIELD) {
    Serial.println("WiFi shield not present");
    // don't continue:
    while (true);
  }

  // attempt to connect to WiFi network:
  while (status != WL_CONNECTED) {
```

```
      Serial.print("Attempting to connect to SSID: ");
      Serial.println(ssid);
      // Connect to WPA/WPA2 network. Change this line if using open or WEP net-
work:
      status = WiFi.begin(ssid, pass);

      // wait 10 seconds for connection:
      delay(10000);
   }
   server.begin();
   // you're connected now, so print out the status:
   printWiFiStatus();
}


void loop() {
   // listen for incoming clients
   WiFiClient client = server.available();
   if (client) {
      Serial.println("new client");
      // an http request ends with a blank line
      boolean currentLineIsBlank = true;
      while (client.connected()) {
         if (client.available()) {
            char c = client.read();
            Serial.write(c);
            // if you've gotten to the end of the line (received a newline
            // character) and the line is blank, the http request has ended,
            // so you can send a reply
            if (c == '\n' && currentLineIsBlank) {
               // send a standard http response header
               client.println("HTTP/1.1 200 OK");
               client.println("Content-Type: text/html");
               client.println("Connection: close");   // the connection will be closed after
completion of the response
               client.println("Refresh: 5");   // refresh the page automatically every 5 sec
               client.println();
               client.println("<!DOCTYPE HTML>");
               client.println("<html>");
```

```
                // output the value of each analog input pin
                for (int analogChannel = 0; analogChannel < 6; analogChannel++) {
                    int sensorReading = analogRead(analogChannel);
                    client.print("analog input ");
                    client.print(analogChannel);
                    client.print(" is ");
                    client.print(sensorReading);
                    client.println("<br />");
                }
                client.println("</html>");
                break;
            }
            if (c == '\n') {
                // you're starting a new line
                currentLineIsBlank = true;
            }
            else if (c != '\r') {
                // you've gotten a character on the current line
                currentLineIsBlank = false;
            }
        }
    }
    // give the web browser time to receive the data
    delay(1);

    // close the connection:
    client.stop();
    Serial.println("client disconnected");
  }
}


void printWiFiStatus() {
  // print the SSID of the network you're attached to:
  Serial.print("SSID: ");
  Serial.println(WiFi.SSID());

  // print your WiFi shield's IP address:
  IPAddress ip = WiFi.localIP();
```

```
Serial.print("IP Address: ");
Serial.println(ip);

// print the received signal strength:
long rssi = WiFi.RSSI();
Serial.print("signal strength (RSSI):");
Serial.print(rssi);
Serial.println(" dBm");
}
```

程式碼：https://github.com/brucetsao/Industry4_Gateway

如下圖所示，讀者可以看到本次實驗-連接熱點建立簡單網頁伺服器結果畫面。

首先如下圖所示，先看到開發版連接熱點，我們先用電腦瀏覽器連到這個熱點。

圖 95　連接熱點

首先如下圖所示，我們可以看到監控視窗，可以看到網頁伺服器的網址為：192.168.88.100。

COM23 (Arduino/Genuino MKR1000)
Send
Attempting to connect to SSID: IOT
SSID: IOT
IP Address: 192.168.88.100
signal strength (RSSI):-53 dBm

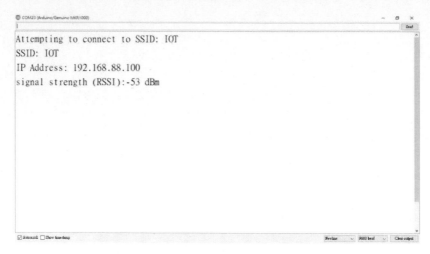

圖 96　建立網頁伺服器之監控畫面(類比)

首先如下圖所示，我們可以看到監控視窗，可以看到網頁伺服器的網址為：192.168.88.100。

COM23 (Arduino/Genuino MKR1000)
Send
Attempting to connect to SSID: IOT
SSID: IOT
IP Address: 192.168.88.100
signal strength (RSSI):-53 dBm

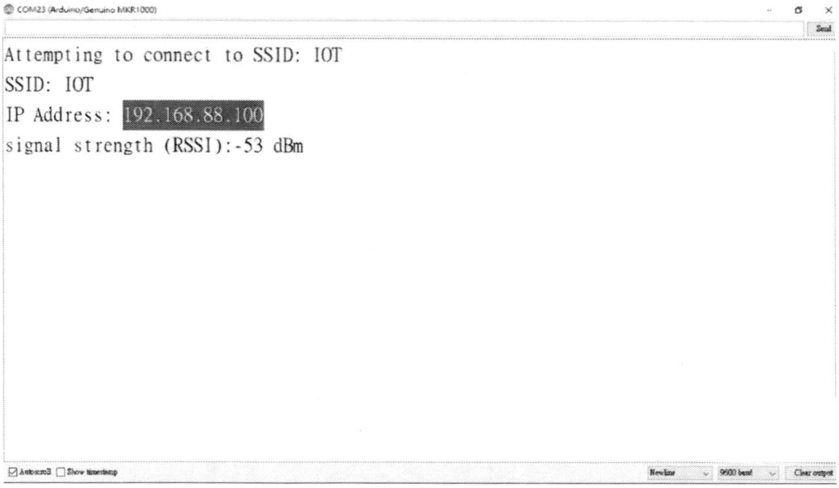

圖 97　查閱網頁網址之監控畫面

首先如下圖所示，我們先用電腦瀏覽器連到上圖所示之網址,預設為：192.168.88.100。

圖 98　連接到網頁伺服器(查詢類比訊號)

首先如下圖所示，我們可以用 Arduino MKR100 開發版建立伺服器時，回饋用戶端的要求資料的訊息。

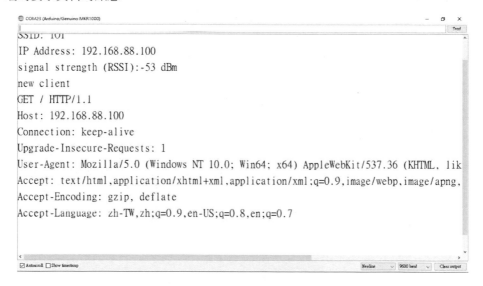

圖 99　回饋用戶端的要求資料的訊息

連上網頁

首先，如下圖所示，只要將 Arduino MKR1000 插上 MicroUSB 線，將該線差到開發用的電腦就可以了。

圖 100 Arduino MKR1000

　　我們遵照前幾章所述，將 Arduino 開發板的驅動程式安裝好之後，我們打開 Arduino 開發板的開發工具：Sketch IDE 整合開發軟體，攥寫一段程式，如下表所示之連接網頁測試程式，我們就可以讓 Arduino MKR1000 開發板連到測試網頁。

表 37 連接網頁測試程式

連接網頁測試程式 (WiFiWebClient_MKR1000)

#include <SPI.h>
#include <WiFi101.h>
#include "arduino_secrets.h"
///////please enter your sensitive data in the Secret tab/arduino_secrets.h
char ssid[] = SECRET_SSID;　　　　　// your network SSID (name)
char pass[] = SECRET_PASS;　　　// your network password (use for WPA, or use as key for WEP)
int keyIndex = 0;　　　　　　　// your network key Index number (needed only for WEP)
 	
int status = WL_IDLE_STATUS;
// if you don't want to use DNS (and reduce your sketch size)
// use the numeric IP instead of the name for the server:
//IPAddress server(74,125,232,128);　// numeric IP for Google (no DNS)
char server[] = "www.google.com";　　// name address for Google (using DNS)
 	
// Initialize the Ethernet client library
// with the IP address and port of the server

```
// that you want to connect to (port 80 is default for HTTP):
WiFiClient client;

void setup() {
  //Initialize serial and wait for port to open:
  Serial.begin(9600);
  while (!Serial) {
    ; // wait for serial port to connect. Needed for native USB port only
  }

  // check for the presence of the shield:
  if (WiFi.status() == WL_NO_SHIELD) {
    Serial.println("WiFi shield not present");
    // don't continue:
    while (true);
  }

  // attempt to connect to WiFi network:
  while (status != WL_CONNECTED) {
    Serial.print("Attempting to connect to SSID: ");
    Serial.println(ssid);
    // Connect to WPA/WPA2 network. Change this line if using open or WEP net-
work:
    status = WiFi.begin(ssid, pass);

    // wait 10 seconds for connection:
    delay(10000);
  }
  Serial.println("Connected to wifi");
  printWiFiStatus();

  Serial.println("\nStarting connection to server...");
  // if you get a connection, report back via serial:
  if (client.connect(server, 80)) {
    Serial.println("connected to server");
    // Make a HTTP request:
    client.println("GET /search?q=arduino HTTP/1.1");
    client.println("Host: www.google.com");
    client.println("Connection: close");
```

```
      client.println();
    }
  }


void loop() {
  // if there are incoming bytes available
  // from the server, read them and print them:
  while (client.available()) {
    char c = client.read();
    Serial.write(c);
  }


  // if the server's disconnected, stop the client:
  if (!client.connected()) {
    Serial.println();
    Serial.println("disconnecting from server.");
    client.stop();


    // do nothing forevermore:
    while (true);
  }
}


void printWiFiStatus() {
  // print the SSID of the network you're attached to:
  Serial.print("SSID: ");
  Serial.println(WiFi.SSID());


  // print your WiFi shield's IP address:
  IPAddress ip = WiFi.localIP();
  Serial.print("IP Address: ");
  Serial.println(ip);


  // print the received signal strength:
  long rssi = WiFi.RSSI();
  Serial.print("signal strength (RSSI):");
  Serial.print(rssi);
  Serial.println(" dBm");
```

```
    }
```

程式碼：https://github.com/brucetsao/Industry4_Gateway

如下圖所示，讀者可以看到本次實驗-連接網頁測試程式結果畫面。

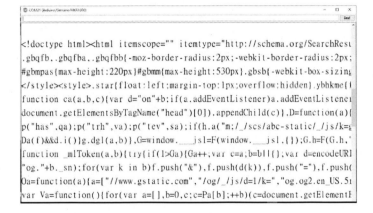

圖 101　連接網頁測試程式結果畫面

使用 SSL 連上網頁

首先，如下圖所示，只要將 Arduino MKR1000 插上 MicroUSB 線，將該線差到開發用的電腦就可以了。

圖 102 Arduino MKR1000

我們遵照前幾章所述，將 Arduino 開發板的驅動程式安裝好之後，我們打開 Arduino 開發板的開發工具：Sketch IDE 整合開發軟體，攥寫一段程式，如下表所示之使用 SSL 連接網頁測試程式，我們就可以讓 Arduino MKR1000 開發板連到測試網頁。

表 38 使用 SSL 連接網頁測試程式

使用 SSL 連接網頁測試程式 (WiFiSSLClient_MKR1000)

``
#include <SPI.h>
#include <WiFi101.h>
 	
#include "arduino_secrets.h"
///////please enter your sensitive data in the Secret tab/arduino_secrets.h
char ssid[] = SECRET_SSID;   // your network SSID (name)
char pass[] = SECRET_PASS;   // your network password (use for WPA, or use as key for WEP)
int keyIndex = 0;   // your network key Index number (needed only for WEP)
 	
int status = WL_IDLE_STATUS;
// if you don't want to use DNS (and reduce your sketch size)
// use the numeric IP instead of the name for the server:
//IPAddress server(74,125,232,128);   // numeric IP for Google (no DNS)
char server[] = "github.com";   // name address for Google (using DNS)
 	
// Initialize the Ethernet client library
// with the IP address and port of the server
``

```
// that you want to connect to (port 80 is default for HTTP):
WiFiSSLClient client;

void setup() {
  //Initialize serial and wait for port to open:
  Serial.begin(9600);
  while (!Serial) {
    ; // wait for serial port to connect. Needed for native USB port only
  }

  // check for the presence of the shield:
  if (WiFi.status() == WL_NO_SHIELD) {
    Serial.println("WiFi shield not present");
    // don't continue:
    while (true);
  }

  // attempt to connect to WiFi network:
  while (status != WL_CONNECTED) {
    Serial.print("Attempting to connect to SSID: ");
    Serial.println(ssid);
    // Connect to WPA/WPA2 network. Change this line if using open or WEP net-
work:
    status = WiFi.begin(ssid, pass);

    // wait 10 seconds for connection:
    delay(10000);
  }
  Serial.println("Connected to wifi");
  printWiFiStatus();

  Serial.println("\nStarting connection to server...");
  // if you get a connection, report back via serial:
  if (client.connect(server, 443)) {
    Serial.println("connected to server");
    // Make a HTTP request:
    client.println("GET /search?q=arduino HTTP/1.1");
    client.println("Host: www.google.com");
    client.println("Connection: close");
```

```
      client.println();
    }
  }

void loop() {
  // if there are incoming bytes available
  // from the server, read them and print them:
  while (client.available()) {
    char c = client.read();
    Serial.write(c);
  }

  // if the server's disconnected, stop the client:
  if (!client.connected()) {
    Serial.println();
    Serial.println("disconnecting from server.");
    client.stop();

    // do nothing forevermore:
    while (true);
  }
}


void printWiFiStatus() {
  // print the SSID of the network you're attached to:
  Serial.print("SSID: ");
  Serial.println(WiFi.SSID());

  // print your WiFi shield's IP address:
  IPAddress ip = WiFi.localIP();
  Serial.print("IP Address: ");
  Serial.println(ip);

  // print the received signal strength:
  long rssi = WiFi.RSSI();
  Serial.print("signal strength (RSSI):");
  Serial.print(rssi);
  Serial.println(" dBm");
```

```
}
```

程式碼：https://github.com/brucetsao/Industry4_Gateway

如下圖所示，讀者可以看到本次實驗-使用 SSL 連上網頁測試程式結果畫面。

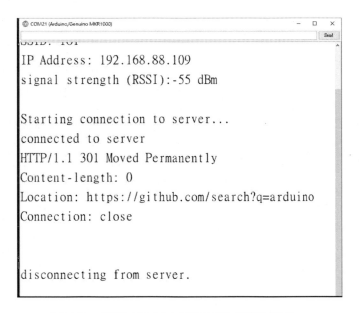

圖 103　使用 SSL 連上網頁試程式結果畫面

使用 UDP 取得網路時間

首先，如下圖所示，只要將 Arduino MKR1000 插上 MicroUSB 線，將該線差到開發用的電腦就可以了。

圖 104 Arduino MKR1000

　　我們遵照前幾章所述，將 Arduino 開發板的驅動程式安裝好之後，我們打開 Arduino 開發板的開發工具：Sketch IDE 整合開發軟體，攥寫一段程式，如下表所示之使用 UDP 取得網路時間測試程式，我們就可以讓 Arduino MKR1000 開發板連到網路取得網路時間。

表 39 使用 UDP 取得網路時間測試程式

使用 UDP 取得網路時間測試程式 (WiFiUdpNtpClient_MKR1000)

```
#include <SPI.h>
#include <WiFi101.h>
#include <WiFiUdp.h>

int status = WL_IDLE_STATUS;
#include "arduino_secrets.h"
///////please enter your sensitive data in the Secret tab/arduino_secrets.h
char ssid[] = SECRET_SSID;          // your network SSID (name)
char pass[] = SECRET_PASS;        // your network password (use for WPA, or use as
key for WEP)
int keyIndex = 0;                   // your network key Index number (needed only for
WEP)

unsigned int localPort = 2390;       // local port to listen for UDP packets

IPAddress timeServer(129, 6, 15, 28); // time.nist.gov NTP server

const int NTP_PACKET_SIZE = 48; // NTP time stamp is in the first 48 bytes of the
message
```

```
byte packetBuffer[ NTP_PACKET_SIZE]; //buffer to hold incoming and outgoing pack-
ets

// A UDP instance to let us send and receive packets over UDP
WiFiUDP Udp;

void setup()
{
  // Open serial communications and wait for port to open:
  Serial.begin(9600);
  while (!Serial) {
    ; // wait for serial port to connect. Needed for native USB port only
  }

  // check for the presence of the shield:
  if (WiFi.status() == WL_NO_SHIELD) {
    Serial.println("WiFi shield not present");
    // don't continue:
    while (true);
  }

  // attempt to connect to WiFi network:
  while ( status != WL_CONNECTED) {
    Serial.print("Attempting to connect to SSID: ");
    Serial.println(ssid);
    // Connect to WPA/WPA2 network. Change this line if using open or WEP net-
work:
    status = WiFi.begin(ssid, pass);

    // wait 10 seconds for connection:
    delay(10000);
  }

  Serial.println("Connected to wifi");
  printWiFiStatus();

  Serial.println("\nStarting connection to server...");
  Udp.begin(localPort);
}
```

```
void loop()
{
  sendNTPpacket(timeServer); // send an NTP packet to a time server
  // wait to see if a reply is available
  delay(1000);
  if ( Udp.parsePacket() ) {
    Serial.println("packet received");
    // We've received a packet, read the data from it
    Udp.read(packetBuffer, NTP_PACKET_SIZE); // read the packet into the buffer

    //the timestamp starts at byte 40 of the received packet and is four bytes,
    // or two words, long. First, esxtract the two words:

    unsigned long highWord = word(packetBuffer[40], packetBuffer[41]);
    unsigned long lowWord = word(packetBuffer[42], packetBuffer[43]);
    // combine the four bytes (two words) into a long integer
    // this is NTP time (seconds since Jan 1 1900):
    unsigned long secsSince1900 = highWord << 16 | lowWord;
    Serial.print("Seconds since Jan 1 1900 = " );
    Serial.println(secsSince1900);

    // now convert NTP time into everyday time:
    Serial.print("Unix time = ");
    // Unix time starts on Jan 1 1970. In seconds, that's 2208988800:
    const unsigned long seventyYears = 2208988800UL;
    // subtract seventy years:
    unsigned long epoch = secsSince1900 - seventyYears;
    // print Unix time:
    Serial.println(epoch);

    // print the hour, minute and second:
    Serial.print("The UTC time is ");          // UTC is the time at Greenwich Meridian
(GMT)
    Serial.print((epoch   % 86400L) / 3600); // print the hour (86400 equals secs per
day)
    Serial.print(':');
    if ( ((epoch % 3600) / 60) < 10 ) {
```

```cpp
    // In the first 10 minutes of each hour, we'll want a leading '0'
      Serial.print('0');
    }
    Serial.print((epoch   % 3600) / 60); // print the minute (3600 equals secs per mi-
nute)
    Serial.print(':');
    if ( (epoch % 60) < 10 ) {
      // In the first 10 seconds of each minute, we'll want a leading '0'
      Serial.print('0');
    }
    Serial.println(epoch % 60); // print the second
  }
  // wait ten seconds before asking for the time again
  delay(10000);
}


// send an NTP request to the time server at the given address
unsigned long sendNTPpacket(IPAddress& address)
{
  //Serial.println("1");
  // set all bytes in the buffer to 0
  memset(packetBuffer, 0, NTP_PACKET_SIZE);
  // Initialize values needed to form NTP request
  // (see URL above for details on the packets)
  //Serial.println("2");
  packetBuffer[0] = 0b11100011;    // LI, Version, Mode
  packetBuffer[1] = 0;         // Stratum, or type of clock
  packetBuffer[2] = 6;         // Polling Interval
  packetBuffer[3] = 0xEC;    // Peer Clock Precision
  // 8 bytes of zero for Root Delay & Root Dispersion
  packetBuffer[12]   = 49;
  packetBuffer[13]   = 0x4E;
  packetBuffer[14]   = 49;
  packetBuffer[15]   = 52;

  //Serial.println("3");

  // all NTP fields have been given values, now
  // you can send a packet requesting a timestamp:
```

```
   Udp.beginPacket(address, 123); //NTP requests are to port 123
   //Serial.println("4");
   Udp.write(packetBuffer, NTP_PACKET_SIZE);
   //Serial.println("5");
   Udp.endPacket();
   //Serial.println("6");
}


void printWiFiStatus() {
   // print the SSID of the network you're attached to:
   Serial.print("SSID: ");
   Serial.println(WiFi.SSID());

   // print your WiFi shield's IP address:
   IPAddress ip = WiFi.localIP();
   Serial.print("IP Address: ");
   Serial.println(ip);

   // print the received signal strength:
   long rssi = WiFi.RSSI();
   Serial.print("signal strength (RSSI):");
   Serial.print(rssi);
   Serial.println(" dBm");
}
```

程式碼：https://github.com/brucetsao/Industry4_Gateway

　　如下圖所示，讀者可以看到本次實驗-使用 UDP 取得網路時間測試程式結果
畫面。

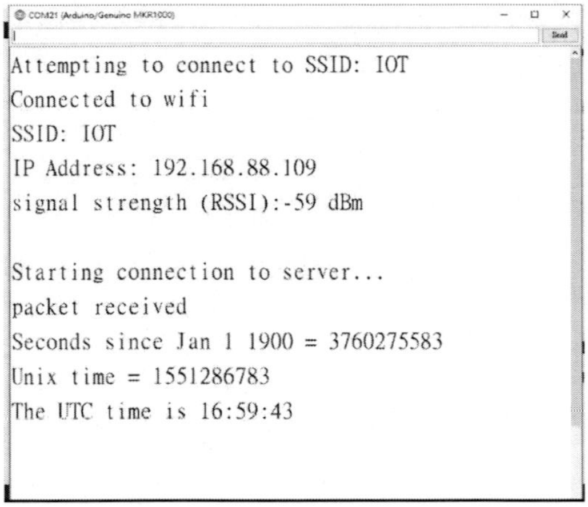

圖 105　使用 UDP 取得網路時間測試程式結果畫面

章節小結

　　本章主要介紹使用 Arduino MKR1000 開發版，並透過範例程式介紹，讓讀者了解並駕馭這塊開發版，相信讀者閱讀後，將對 Arduino MKR1000 開發版，有更深入的了解與體認。

5

CHAPTER

吳厝國小樹屋

吳厝國小（網址：https://www.wtes.tc.edu.tw/）位於清水區東面的鰲峰山麓上，是清水最高學府，學校緊鄰臺中國際機場，是一所以城堡概念為主體建築、美侖美奐的迷你小學。該校創立於民國 89 年 8 月 1 日，並於民國 101 年 8 月 1 日增設幼兒園一班，並進行招生。雖說是一所迷你小學，但美輪美奐的校舍、健康有活力的師生，一銅打造吳厝國小教與學美好的環境，吳厝國小在學校教師的共同努力下，發展具特色的舞龍、花燈…等民俗技藝。

圖 106 健康快樂有活力的校園健康快樂有活力的吳厝國小校園

吳厝國小該校龍隊時常成為各大會場開幕的戲碼，為各種活動添加不少熱鬧的氣氛；每年藉由教育部教育優先區經費的挹助，讓吳厝國小龍隊的師資及設備得以傳承；花燈製作由本校退休周知正主任辛勞的指導，都讓吳厝學子在課業學習之外，也能了解與學習傳統藝術之美，讓民俗技藝得以一代一代傳承下去。

近年來吳厝國小爭取學校周邊『CCK 廠商聯誼會』的經費補助，發展小提琴教學，讓每一個孩子都能習得樂器專長，也透過各種場合提供小朋友表演的舞臺，讓孩子展現自我，提升自信。

吳厝國小面對環境不斷革新，推動閱讀教育，培養孩子閱讀的能力。本校於 96 年起迄今成為天下雜誌「希望閱讀」聯盟小學之一，更積極尋求各項閱讀資源，用實際行動與熱情帶動孩子閱讀好書，讓閱讀的成效在教學中展現，增加孩子的學習樂趣。

吳厝國小為創造多元教學環境，積極參與教育部推動之教學計畫，不斷爭取資訊設備經費，建構班班都是智慧教室的智慧學校，以充實教師在教學上的運用，打開孩子連結未來世界的可能性。

　　吳厝國小特別設立課後照顧班，本於適性輔導、健康安全、關懷支持和多元展能的理念來辦理，在課程的安排上朝向多的發展，除以作業指導、語文活動和補救教學為主，更以多元的藝能活動強化學童的學習興趣及技藝才能。

　　吳厝國小資料如下：

表 40 吳厝國小基本資料

學校名稱	吳厝國民小學	創校日期	2000-08-01
現任校長	黃朝恭	http://wu-tso-principal.blogspot.com/	
總機電話	(04)26200864	傳真電話	(04)26201959
英文名稱	Wu Tso Elementary School		
學校地址	43641 臺中市清水區吳厝里吳厝路 35 號		
學校網址	www.wtes.tc.edu.tw		
教育部代碼	064754		
商業統一編號	17705158		
OID	2.16.886.111.90027.90012.100005		

逢甲牛罵頭小書屋出生故事

　　逢甲大學校友會[10]捐贈給吳厝國小的「「逢甲牛罵頭小書屋」，在 2017 年 12 月 28 日舉行啟用典禮，逢甲大學校友會總會長施鵬賢表示，知識就是力量，希望孩童能從小培養閱讀習慣，參與的協力廠商也到場觀禮。

　　逢甲牛罵頭小書屋出生的緣起，由於逢甲大學建築系在校園發起建築公益活動回饋社會，「逢甲建築小書屋」的想法浮現雛型：到偏鄉部落及有需要的地方為小

---

[10]
http://www.cdc.fcu.edu.tw/cdcAlumniWeb/alAssoInfoManage/WebAlAssoInfo.aspx?mid=Z03001&alas_code=1

朋友們蓋書屋，深信「知識就是力量」！「深耕 50 前瞻 100」公益活動，目標偏鄉地區 100 座小書屋，臺中市清水區鰲峰山上的偏鄉小校，如下圖所示，何其有幸能成為逢甲小書屋 NO.6-牛罵頭小書屋。

圖 107 逢甲小書屋 NO.6-牛罵頭小書屋

吳厝國小是西元 2000 年前一所偏鄉國小的分校，社區與教育資源，獨立建校以來，社區、師生共同努力，軟硬體建設已見績效，教學團隊兢兢業業為吳厝學子而努力，惟圖書館沒有經費挹注，僅由傳統圖書高櫃所建立、圍成陽春型式，無法達到鼓勵及養成閱讀習慣的最佳場所。

如下圖所示，老樹旁閒置空間，本校位於臺中市清水區海濱的山坡上，東北季風強勁，此空間位於學校位於北方大樹旁，遠離學生活動空間且無遮避，自 1998 年校舍改建以來即為校內停車位包圍成的閒置空間，其內大樹和草地，孩子很難親近。

圖 108 牛罵頭小書屋原址風貌

　　其故事起源自 2016 年 3 月，一段美好緣份來自一直從事公益活動的傳教官，牽起與逢甲大學建築系暨鼎泰建設施董事長蒞校，擬幫學校於前庭榕樹旁設立書屋、本校志工王星卯、李美齡 老師陪同，牛罵頭文化國民教育階段的基地。

　　2016 年 11 月 14 日感謝台灣老樹救援協會，由許叔蓀執行長，張和桑理事帶領救援專業技術團隊，如下圖所示，實施無毒自然生態工法，讓老樹能有更好土壤、排水、空間，期待大樹能活得更健康久久，並給予孩子一次有意義的生命與環境教育，先清除舊有的建築廢料，再利用水刀施作（這是對根系最小的傷害），這可以說是改良型的翻土即是以前往的耕耘作用，就是讓泥土成為有效性的土壤，還給老樹一個快樂棲地。

圖 109 老樹實施無毒自然生態工法

　　如下圖所示，11 月 22 日，逢甲大學建築系辦理書屋競圖比賽；100 多位師生到校查看書屋之施做基地及相關設計理念交流。

圖 110 書屋競圖比賽

　　2017 年 1 月 3 日，逢甲大學建築系辦理『書屋評選』，由 100 多位大二學生每設計一件作品，24 位決選學生並製作立體模型，如下圖所示，由鼎泰建設施董事長及多位建築系教授、建築師參與親自評選出競圖優秀作品，並將書屋命名『牛罵頭書屋』

圖 111 書屋評選

2017 年 3 月 9 日,鼎泰建設委任王建閔建築師為牛罵頭書屋設計監造建築師,並進行雜項執照之申請。

2017 年 4 月 13 日,牛罵頭書屋『雜項執照』核定(106 中都雜字第 00037 號)。

2017 年 5 月 5 日聘請領有樹藝師執照團隊到校修剪老樹,並配合環境教育執照李婉靜老師對全校師生進行剪樹示範,期待老樹長得更好。

圖 112 李婉靜老師剪樹示範

2017 年 5 月 11 日，逢甲建築系 6 號書屋（吳厝牛罵頭小書屋），在逢甲建築系系友、鼎泰建設施董事長及全校師生的建證之下，以傳統建築動土儀式於上午 10：00 辦理動土大典，全體師生以歡欣鼓舞的心情期待小書屋的工程，已經進入正式階段。

圖 113 小書屋的工程建設

其綠能專業廠商：相順綠能公司也熱心相挺，協助建置太陽能供電系統、並不計成本願意為吳厝小書屋提供綠能源設備專業的建置，其發電量 1KW/H，儲電電池 2.4KW，電燈足夠書屋內白天上課用電燈、音響、電扇及相關視聽設備，真正綠能書屋，兼具環保教育作用。

2017 年 5 月在牛罵頭園區專業導覽志工王星卯及李美齡指導下，書屋外牆再加入牛罵頭意象牆(如下圖所示)。

石滬：

圖 114 牛罵頭意象牆

A. 由來：大肚山臺地地質屬頭嵙山層，其地質剖面上層為紅土堆積層，下層為礫岩、細砂岩與 頁岩泥岩互層，當雨水與洪水沖刷後，礫石裸露，體積大的如西瓜，小的如鵝卵，我們統稱 為卵石，先民因地制宜就地取材，取卵石作為建築工事，如石滬堤防、牆基、防空洞、鋪面。

　　吳厝國小位於大肚山臺地鰲峰山上，鄰鰲峰山公園的石滬建築群，那是先民用智慧來疏通大自然災害的洪水與土石流見證，放在小書屋特別有意義。

B. 結構。石滬的堆疊工法：內部用紅土夯實，此紅土夯實乾涸後堅硬如石，作為壩體，外表鋪以卵石，用傳統建築的七星疊砌法磊成，作為導水之用。您會發現與八田與一的嘉南大圳大壩壩體的工法是雷同的。可見先民的智慧。

土埆屋立面：

圖 115 土埆屋立面

A.由來：如上圖所示，土埆屋是明清以降大肚山臺地居民民居，也是代表在地文化，有其必要將之放入小書屋的元素，其立面結構為屋坡、牆身與牆基構成。

B.立面結構：

屋坡：更早之前是用稻草桿或芒草桿鋪設而成，經濟狀況好的就用閩南的紅瓦（薄仔瓦），到了日治時期用黑色水泥 S 瓦，

屋身：以土埆磚塊疊砌而成，為了防止雨水潑灑牆倒，如下圖所示，先民會在外牆上施以塗層保護，一種為抹上石灰壁，一種為加掛瓦片，我們稱為穿瓦衫（或魚鱗穿瓦、魚鱗瓦），此項目的穿瓦衫由四層顏色組成，是將在地的牛罵頭遺址文化的四個文化層時代代表的陶文化融入其中，牛罵頭遺址文化由近代到遠古依年代分別為：

圖 116 塗層保護施工圖

番仔園文化（BP400--1800）。

營埔文化（BP2000—3400。

牛罵頭文化（BP3400--5400）。

大坌坑文化（BP4500--6000），

其出土文物中，陶具為代表，故將先民的陶與穿瓦衫結合，代表牛罵頭遺址文化與民居在地文化有傳承的結合，更能代表小書屋的特色。

四個文化層陶具意義：

番仔園陶色，因陶土與鐵砂混合，呈現出來的顏色為赭紅色或豬肝色，紋飾圖騰有刺點紋、波浪狀節紋、圈點紋。

營埔陶色：灰黑色。有圈點紋、山形圈紋紋飾。

牛罵頭陶色：紅褐色的細繩紋陶。

大坌坑陶色：紅褐色的粗繩紋陶。

穿瓦衫工法：用大肚山的土質篩選後加入色泥燒成魚鱗狀的瓦片，再以竹釘依次釘在土埆牆上作為外牆。

C.牆基：為了確保土埆牆不會遇水鬆軟坍塌，先以卵石砌牆作為牆基，其工法也是以七星疊砌法完成，有鎮煞辟邪之用(如下圖所示)。

圖 117 卵石砌牆作為牆基工法

2017 年 12 月 28 日，上午 10：00 辦理『牛罵頭小書屋』落成啟用暨揭牌儀式(如上下圖所示)，小書屋建築的推手這麼形容這間小書屋的特色

1.第一個申請建築執照

2.營建費用第一名

3.啟用典禮貴賓第一名

4.啟用典禮表演第一名

5.啟用典禮校長參加人數第一名

6.小書屋使用面積第一名

7.小書屋樓層數第一名

8.使用太陽能發電第一名

9.結合地方文化第一名。

圖 118 牛罵頭小書屋落成啟用暨揭牌儀式

如下圖所示，當天就是一個感恩的嘉年華會，吳厝國小─牛罵頭小書屋能完成，
幕前背後的功臣都到齊了，師生雀躍的心情，感恩表現對於所有為吳厝国小付出的

人們，真的是美好的時刻。

圖 119 牛罵頭小書屋落成啟用暨揭牌儀式活動集錦

自落成自今，我們希望營造吳厝-逢甲牛罵頭小書屋成為

1. 孩子閱讀樂園
2. 樹屋精靈說故事
3. 牛罵頭文化吳厝國小基地
4. 大肚山台地生態教育的教學空間
5. HOPE 聯盟吳厝國小基地

6. 能源教育示範點
7. 吳厝國小特色遊學基地
8. 開放供全國學生特色遊學

圖 120 逢甲牛罵頭小書屋使用情形

在 2018 年 1 月 31 日，臺中市清水區圖書館采風親子讀書會蒞校參訪情形如下圖：

圖 121 臺中市清水區圖書館采風親子讀書會蒞校參訪

在 2018 年 12 月 11 日臺中市和平區中坑實驗國民小學蒞校參訪蒞校參訪情形如下圖：

圖 122 臺中市和平區中坑實驗國民小學蒞校參訪蒞校參訪

「逢甲牛罵頭小書屋」由木造建物結合綠能節電、陶藝創作，融入在地牛罵頭特色打造，並由陶藝大師陳維銓指導孩子創作陶板，將成果用於建物牆面。另外也運用企業捐助經費，進行木作、太陽能供電系統等工程，並經由捐贈相關家具及書籍而完成。不僅提供閱讀環境，也將舉辦不同形式活動。

章節小結

　　本章主要介紹本書之系統主要對象：吳厝國小與逢甲牛罵頭小書屋的源起、資源、熱心公益的社會人士從無到有的所有情形，一步一步介紹，相信讀者閱讀後，將對吳厝国小與逢甲牛罵頭小書屋的認識，有更深入的了解與體認。

CHAPTER

雲端資料庫建置

接下來我們要建立資料庫與資料表，方能將資料輕易放上雲端。

資料庫建置

本章就是要應用 Arduino MKR1000 開發板，整合 Apache WebServer(網頁伺服器)，搭配 Php 互動式程式設計與 mySQL 資料庫，建立一個雲端平台，透過 Arduino MKR1000 開發板連接本書所介紹之風向模組、風力模組、溫溼度模組，將資料傳送到資料庫(曹永忠, 吳佳駿, 許智誠, & 蔡英德, 2016a, 2016b, 2017a, 2017b)。

網頁伺服器安裝與使用

首先，作者使用 TWAMPd (VC11 for Windows 7, PHP-5.4/ PHP-5.5/ PHP-5.6)，其 VC11 for Windows 7 請到 https://goo.gl/Yg5Jlm 或 https://github.com/brucetsao/Tools/tree/master/WebServer，下載其軟體。

下列介紹 TWAMP 規格：

- TWAMP (Tiny Windows Apache MySQL PHP)
- Version: 2.2 from 30th Jun 2010
- Author: Yelban Hsu
- orz99.com - TWAMP
- Support and developer's blog

其套件包含下列元件：

- Apache 2.2.15
- MySQL 5.1.49-community
- PHP 5.2.14

- phpMyAdmin 3.3.5.0
- perl 5.10.0

讀者可以到下列網址：http://drupaltaiwan.org/forum/20110811/5424 下載其安裝包，不懂安裝之處，也可以參考：http://drupaltaiwan.org/forum/20130129/7018 內容進行安裝與使用。

安裝好之後，如下圖，打開安裝後的目錄，作者使用的是 D:\TWAMP 的目錄。

圖 123 免安裝版的 Apache

讀者可以點選下圖紅框處，名稱為『apmxe_zh-TW』的 Apache 伺服器主程式來啟動網頁伺服器。

圖 124 執行 Apache 主程式

讀者使用 IE 瀏覽器或 Chrome 瀏覽器或其它瀏覽器，開啟瀏覽器之後，在網址列輸入『localhost』或『127.0.0.1』(以本機為網頁伺服器)，可以看到下圖，可以看到 Apache 管理畫面。

圖 125 Apache 管理畫面

建立資料庫

為了完成本章的實驗，如下圖紅框處所示，先點選『phpMyAdmin』，執行
phpMyAdmin 程式。

圖 126 執行 phpMyAdmin 程式

讀者執行 phpMyAdmin 程式後會先到下圖所示之 phpMyAdmin 登錄界面，先在
下圖紅框處輸入帳號與密碼，一般預設都是：使用者為『root』，密碼為『』，或是
您在安裝時自行設定的密碼。

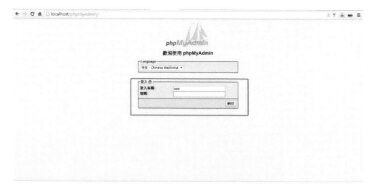

圖 127 登錄 phpMyAdmin 管理界面

讀者登錄 phpMyAdmin 管理程式後，可以看到 phpMyAdmin 主管理界面如下圖

所示：

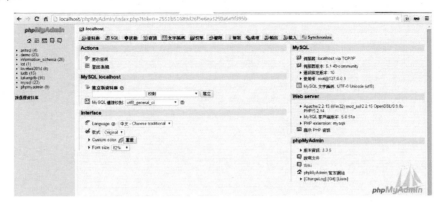

圖 128 phpMyAdmin 主管理畫面

首先，我們參考下圖左紅框處，先建立一個資料庫，請讀者建立一個名稱為『iot』的資料庫，並按下下圖右紅框處建立資料庫。

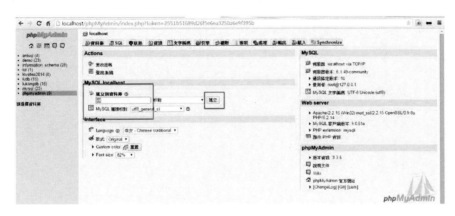

圖 129 建立 iot 資料庫

讀者可以看到下圖，我們選擇剛建立好的 iot 資料庫，進入資料庫內。

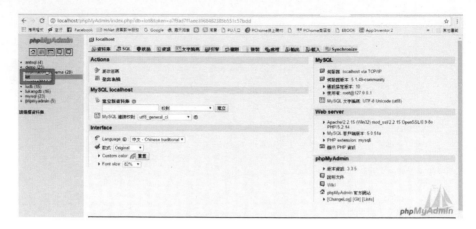

圖 130 選擇資料庫

讀者可以看到下圖，新建立的 iot 資料庫內沒有任何資料表。

圖 131 空白的 iot 資料庫

建立資料表

對於使用 PhpmyAdmin 工具建立資料表的讀者不熟這套工具者，可以先參閱筆
者著作：『Ameba 程式設計(物聯網基礎篇):An Introduction to Internet of Thing by Using
Ameba RTL8195AM』(曹永忠，吳佳駿, et al., 2017a)、『Ameba 程序设计(基础篇):Ameba

RTL8195AM IOT Programming (Basic Concept & Tricks)』(曹永忠, 吳佳駿, et al., 2016b)、『Arduino 程式設計教學(技巧篇):Arduino Programming (Writing Style & Skills))』(曹永忠, 吳佳駿, 許智誠, & 蔡英德, 2017c)、『溫溼度裝置與行動應用開發(智慧家居篇):A Temperature & Humidity Monitoring Device and Mobile APPs Develop-ment(Smart Home Series) 』(曹永忠, 許智誠, & 蔡英德, 2018b)、『雲端平台(系統開發基礎篇): The Tiny Prototyping System Development based on QNAP Solution』(曹永忠, 許智誠, & 蔡英德, 2018a)等書籍,先熟悉這些基本技巧與能力。

如已熟悉者,讀者可以參考下表,建立 wind 資料表。

表 41 wind 資料表欄位規格書

欄位名稱	型態	欄位解釋
id	Int(11)	主鍵
sysdatetime	Timestamp	資料更新日期時間
Ip	Char(20)	連線 ip 位址
mac	Char(12)	網卡編號(16 進位表示)
speed	float	風速
Way	Int(12)	風向
humid	float	濕度
temp	float	溫度
PRIMARY id : primary key unique		

讀者也可以參考下表,使用 SQL 敘述,建立 wind 資料表。

表 42Barcodedata 資料表 SQL 敘述

```
-- Table structure for table `wind`
--

CREATE TABLE IF NOT EXISTS `wind` (
  `id` int(11) NOT NULL AUTO_INCREMENT,
```

```
   `sysdatetime` timestamp NOT NULL DEFAULT CURRENT_TIMESTAMP ON
UPDATE CURRENT_TIMESTAMP,
   `speed` float NOT NULL,
   `way` int(12) NOT NULL,
   `temp` float NOT NULL,
   `humid` float NOT NULL,
   `ip` varchar(20) NOT NULL,
   `mac` varchar(16) DEFAULT NULL,
   PRIMARY KEY (`id`),
   KEY `sysdatetime` (`sysdatetime`)
) ENGINE=InnoDB    DEFAULT CHARSET=latin1 COMMENT='吳厝國小樹屋風速
資訊表' AUTO_INCREMENT=1;

--
```

如下圖所示，建立 wind 資料表完成之後，我們可以看到下圖之 wind 資料表欄
位結構圖。

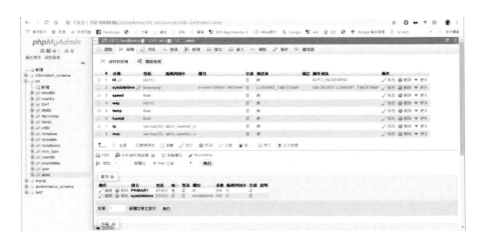

圖 132 wind 資料表建立完成

章節小結

本章介紹在雲端平台上(本文使用 Apache & mySql & PHP 等)，建立資料庫與對應資料檔，透過這樣解說之後，相信讀者已經可以輕鬆建立資料庫與對應裝置的資料表。

7
CHAPTER

雲端網站建置

本文使用 Adobe 公司開發的 Adobe Creative Suite系列，採用 CS6 版本的 Dream Weaver CS6 進行設計，接下來我們建立雲端網站的網頁內容。

網站 php 程式設計(插入資料篇)

進入 Drcam Weaver CS6 主畫面

為了簡化程式設計困難度，本文採用 Adobe 公司開發的 Adobe Creative Suite系列，採用 CS6 版本的 Dream Weaver CS6 進行設計。

如下圖所示，為 Dream Weaver CS6 的主畫面，對於 Dream Weaver CS6 的基本操作，請讀者自行購書或網路文章學習之。

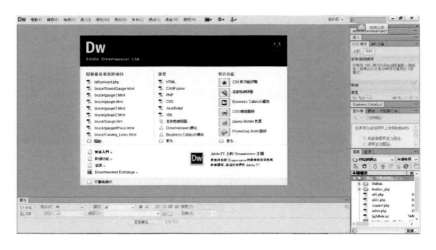

圖 133 Dream Weaver CS6 的主畫面

開啟新檔案

如下圖所示，我們先行開啟新檔案。

圖 134 開啟新檔案

新增 PHP 網頁檔

如下圖所示，我們先行新增 PHP 網頁檔。

圖 135 新增 php 網頁

編輯新檔案

如下圖所示，我們開始編輯新檔案。

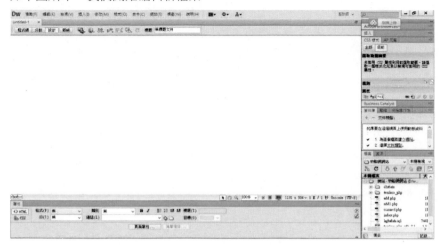

圖 136 空白的 php 網頁(設計端)

切換到程式設計畫面

如下圖所示，我們切換到程式設計畫面。

圖 137 切換到程式設計畫面

首先，我們先將資料庫連線程式攥寫好，如下表之資料庫連線程式，我們就可以網站的 PHP 程式連線到 mySQL 資料庫，進而連接 iot 的資料庫。

表 43 資料庫連線程式

資料庫連線程式(iotcnn.php)

```php
<?php
    function Connection()
    {

        $server="localhost";
        $user="iot";
        $pass="iot1234";
        $db="iot";


        $connection = mysql_pconnect($server, $user, $pass);

        if (!$connection) {
            die('MySQL ERROR: ' . mysql_error());
        }

        mysql_select_db($db) or die( 'MySQL ERROR: '. mysql_error() );
        mysql_query("SET NAMES UTF8");
        session_start();


        return $connection    ;
    }
?>
```

變數介紹：

- $server="localhost";　==>mySQL 資料庫 ip 位址
- $user="root";　　==>mySQL 資料庫管理者名稱
- $pass="";　　==>mySQL 資料庫管理者連線密碼
- $db="iot";　　==>連到 mySQL 資料庫之後要切換的資料庫名稱

將 connect 程式填入

如下圖所示，我們將 connect 程式填入。

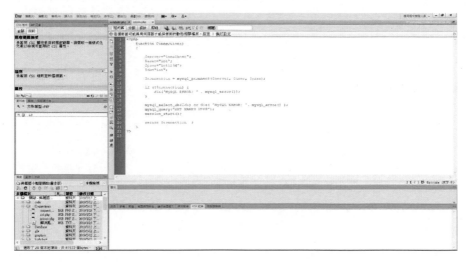

圖 138 將 connect 程式填入

將 connect 連線程式存檔

如下圖所示，我們將 connect 連線程式存檔。

圖 139 將 iotcnn 連線程式存檔

修正 connect 連線程式

如下表所示，我們將 connect.php 連線程式，進行程式修正，讓後面的的程式可以使用正常。

表 44 iotcnn 連線程式

connect 連線程式(iotcnn.php)

```php
<?php
    function Connection()
    {

        $server="localhost";
        $user="iot";
        $pass="iot1234";
        $db="iot";

        $connection = mysql_pconnect($server, $user, $pass);

        if (!$connection) {
            die('MySQL ERROR: ' . mysql_error());
        }

        mysql_sclcct_db($db) or die( 'MySQL ERROR: '. mysql_error() );
        mysql_query("SET NAMES UTF8");
        session_start();

        return $connection   ;
    }
?>
```

切換 windadd 到程式設計畫面

如下圖所示，我們切換 windadd 到程式設計畫面。

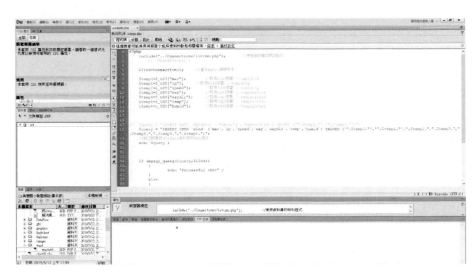

圖 140 切換 windadd 到程式設計畫面

首先，我們先將 wind 資料表新增程式攥寫好，如下表之 dhtdata 資料表新增

程式，填入上表所示之 wind 到程式設計畫面之中，完成程式攥寫。

表 45 wind 資料表新增程式

資料庫連線程式(windadd.php)
| ```php
<?php
    include("../Connections/iotcnn.php");           //使用資料庫的呼叫程式
        //    Connection() ;

    $link=Connection();         //產生 mySQL 連線物件

    $temp0=$_GET["mac"];          //取得 POST 參數：humidity
    $temp1=$_GET["ip"];           //取得 POST 參數：humidity
``` |
```

```php
$temp2=$_GET["speed"];        //取得 POST 參數：humidity
$temp3=$_GET["way"];          //取得 POST 參數：temperature
$temp4=$_GET["waydir"];       //取得 POST 參數：temperature
$temp5=$_GET["temp"];         //取得 POST 參數：temperature
$temp6=$_GET["humid"];        //取得 POST 參數：temperature


//  $query = "INSERT INTO `dhtdata` (`humidity`,`temperature`) VALUES
("'.$temp1.'","'.$temp2.'")";
    $query = "INSERT INTO `wind` (`mac`,`ip`,`speed`,`way`,`waydir`,`temp`,`hu-
mid`) VALUES
("'.$temp0.'","'.$temp1.'","'.$temp2.'","'.$temp3.'","'.$temp4.'","'.$temp5.'","'.$temp6.'")";
    //組成新增到 dhtdata 資料表的 SQL 語法
    echo $query ;



    if (mysql_query($query,$link))
        {
                echo "Successful <br>" ;
        }
        else
        {
                echo "Fail <br>" ;
        }


            ;                   //執行 SQL 語法
    echo "<br>" ;
    mysql_close($link);         //關閉 Query
    echo $query ;



?>
```

使用瀏覽器進行 windadd 程式測試

　　完成雲端網站建置之後，如下圖所示，請打開瀏覽器(本為文 Chrome 瀏覽器)，在網址列輸入

『http://192.168.88.88:8886//wind/windadd.php?mac=AABBCCDDEEFF&ip=192.168.88.122&speed=2.2&way=0&waydir=0&temp=25&humid=67』後，按下『Enter』鍵完成輸入(我們使用開發端與測試端同一機之本機測試)。

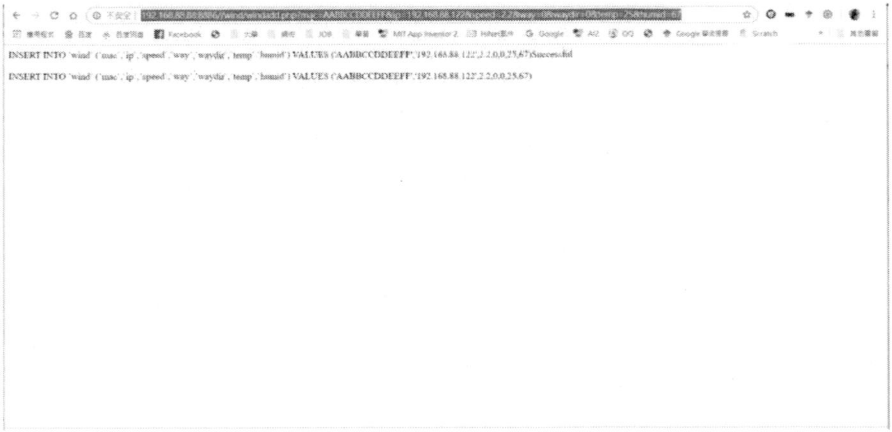

圖 141 瀏覽器進行 windadd 程式測試畫面

使用瀏覽器進行資料瀏覽

如下圖所示，我們使用瀏覽器進行資料瀏覽，本方法是使用 phpMyAdmin 瀏覽。

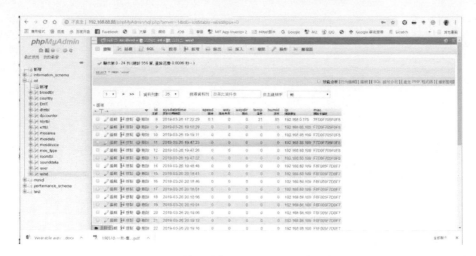

圖 142 使用瀏覽器進行資料瀏覽畫面

完成伺服器程式設計

如上圖所示，我們使用瀏覽器進行資料瀏覽，我可以知道，透過 php Get 的方法，使用 Get 方法，在網址列，透過參數傳遞(使用參數名=內容)的方法，我們已經可以將資料正常送入網頁的資料庫了。

章節小結

本章主要介紹在建立雲端平台上(本文使用 Apache & mySql & PHP 等)的資料庫連接介面程式，進而建立裝置的感測資料對應的資料上傳程式，進而可以輕鬆在網路環境下，在雲端平台上傳感測裝置的資料。

CHAPTER

整合系統開發

環境監控是物聯網開發中非常重要的一環，本文將介紹使用風向感測器來偵測風向，並透過 RS-485 Modbus-RTU 通訊，取得風向資訊，並且讓讀者了解如何使用 Ameba RTL 8195 AM 開發板與風向感測器通訊之技術基礎。

筆者希望能在空汙偵測的系統之中，加入二項資訊：風向與風速等參考資訊，如果這兩項資訊可以加入在環境監控的資訊之中，那在空汙資訊的大數據分析之中，將會將空汙的汙染軌跡數位化，對整個社會，將產生更大的效用。

本文會應用物聯網的神兵利器 Ameba RTL 8195 AM 開發板，透過 TCP/IP ，連上熱點(Access Point)，進而連上網際網路，讓使用者可以在網頁上可以看到風向資料，未來還可以將整個風向感測網頁整合成一個可以氣象物聯網的平台。

Arduino MKR1000 開發板

Arduino MKR1000 是一款功能強大的主板，結合了 Zero 和 Wi-Fi Shield 的功能。對於希望設計物聯網專案的開發者來說，這是一個理想的解決方案。

Arduino MKR1000 的設計主要增加 Wi-Fi 連接的製造商提供一個實用且經濟高效的解決方案，而這種解決方案使用 Atmel ATSAMW25 SoC 晶片， Atmel 無線設備的 SmartConnect 系列，專為物聯網專案和開發設備而設計。

如下圖所示，Arduino MKR1000 (with Headers) 是 Arduino 原廠進口的開發版，結合了 Zero 和 Wi-Fi Shield 的功能。

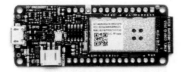

(a).正面圖	(b).背面圖

(c). 45 度圖	(d).網路接腳圖

圖 143 Arduino MKR1000

資料來源：Arduino.cc 官網：https://store.arduino.cc/usa/arduino-mkr-wifi-1010

Arduino MKR1000 的晶片主要介紹如下：

- 微控制器：SAMD21 Cortex-M0 + 32 位低功耗 ARM MCU
- 電源：（USB / VIN）：5V
- 支持電池：Li-Po 單節電池，最小 3.7V，700mAh
- 電路工作電壓：3.3V
- 數字 I／O 腳位：8
- PWM 引腳：12（0,1,2,3,4,5,6,7,8,10，A3 - 或 18 - ，A4-或 19）
- UART： 1
- SPI：1
- I2C：1
- I2S：1
- 連接：無線上網
- 類比輸入腳位：7（ADC 8/10/12 位）
- 類比輸出腳位：1（DAC 10 位）

- 外部中斷：8（0,1,4,5,6,7,8，A1-或 16-，A2-或 17）
- 每個 I / O 腳位的直流電流：7 毫安
- 閃存：256 KB
- SRAM：32 KB
- EEPROM：沒有
- 時鐘速度：32.768 kHz（RTC），48 MHz
- LED_BUILTIN：6
- 全速 USB 設備和嵌入式主機：包括 LED_BUILTIN
- 長度：61.5 毫米
- 寬度：25 毫米
- 重量：32 克

該設計包括一個 Li-Po 充電電路，允許 Arduino / Genuino MKR1000 以電池電源或外部 5V 電源運行，在外部電源上運行時為 Li-Po 電池充電，從一個信號源切換到另一個信號源是自動完成的。具有與 Zero 板類似的良好的 32 位計算能力，通常豐富的 I / O 腳位，具有用於安全通信的 Cryptochip 的低功耗 Wi-Fi 以及易於使用原始碼開發和編程的 Arduino 開發工具（IDE）。

所有這些特性使得這款主板成為緊湊型外形的新興物聯網電池供電項目的首選。USB 端口可用於為主板提供電源（5V）。Arduino MKR1000 可以帶或不帶鋰電池連接，功耗有限。

讀者必須注意的是，與大多數 Arduino 和 Gcnuino 板不同，MKR1000 運行在 3.3V。I / O 腳位可以承受的最大電壓是 3.3V。對任何 I / O 腳位而言，施加高於 3.3V 的電壓都可能會損壞電路板。當輸出到 5V 數位設備時，與 5V 設備的雙向通信需要適當的電平轉換方可以應用。

硬體架構

如下圖所示，筆者使用風速感測器、方向感測器、溫溼度感測器三種工業級的產品來建構本系統感測元件。

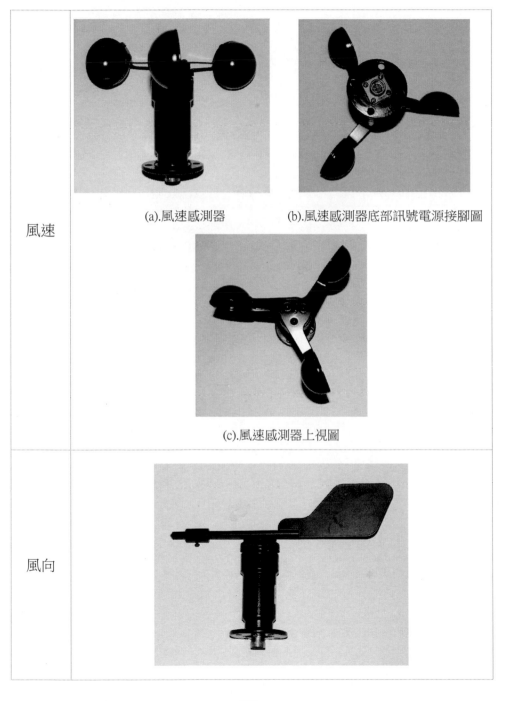

風速	(a).風速感測器　　　(b).風速感測器底部訊號電源接腳圖 (c).風速感測器上視圖
風向	

(a).風向感測器

(b).風向感測器底部訊號電源接腳圖

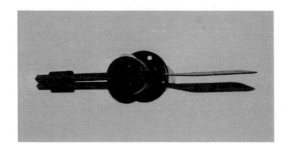

(c).風向感測器上視圖

溫溼度

(a). 溫溼度感測器正面圖

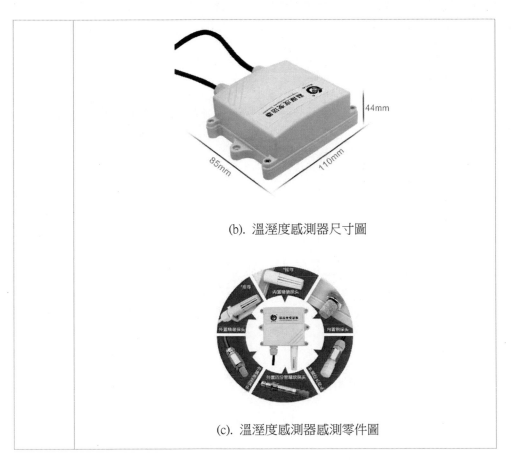

(b). 溫溼度感測器尺寸圖

(c). 溫溼度感測器感測零件圖

圖 144 零件一覽表

　　如下圖所示，把這些感測元件，加上 Arduino MKR1000 開發板，與連接電路，完成下圖之電路圖。

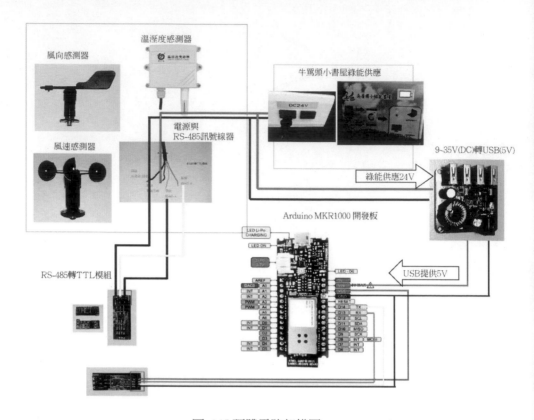

圖 145 硬體電路架構圖

接下來我們參考上圖的硬體電路架構圖,來實際用洞洞板連接實體電路,繼續做下去。

感測器實體建置

整合上述所述,清水吳厝國小 黄朝恭 校長積極向各方善心企業與人士募款後,終於逢甲牛罵頭小書屋,並將筆者建立的氣象感測器,建立在樹屋旁,如下圖所示為樹屋旁的氣象觀測站的感測模組。

圖 146 樹屋正面圖

如下圖所示為樹屋旁的氣象觀測站的感測模組支架。

圖 147 感測器架設柱

如下圖所示為氣象觀測站的感測模組 U 型感測器柱。

圖 148 U 型感測器柱

如下圖所示為氣象觀測站的 U 型感測器柱上的感測模組。

圖 149 架上感測器

如下圖所示為氣象觀測站的 U 型感測器柱上的風向感測模組。

圖 150 風向感測器(架上)

如下圖所示為氣象觀測站的 U 型感測器柱上的風速感測模組。

圖 151 風速感測器(架上)

如下圖所示為氣象觀測站的 U 型感測器柱上的溫溼度感測模組。

圖 152 溫溼度感測器(架上)

最後將這三個感測模組的電力線與資料線連接到樹屋內部。

完成氣象感測模組電力供應與資料傳輸連接

如下圖所示，由於風向、風速、溫溼度都需要電力(12~30V 直流)，所以我們手工焊接一個 RS-485 的 HUB，如下圖所示，將這三個氣象感測模組連接在這個 HIB 上。

圖 153 氣象感測模組電力供應與資料傳輸連接

如下圖所示，因為一般單晶片無法直接連接 RS-485 如此高的電器標準，所以筆者使用 RS-485 轉 TTL 模組，將將 HUB 連接到 RS-485 到 T T L 模組，再連接到開發板。

圖 154 將 HUB 連接到 RS-485 到 ＴＴＬ模組

使用樹梅派建立雲端主機

如下圖所示，因應清水吳厝國小 黃朝恭 校長要求，筆者使用

Raspiberry 來建立雲端主機，如下圖所示，可以看到筆者使用樹梅派建立雲

端主機。

圖 155 使用樹梅派建立雲端主機

樹梅派建立雲端主機與 Apache、Mysql、Php 等，筆者已在上兩張介紹清楚，讀者也可以在其他書籍或網路上找到對應文章，筆者不再此多家敘述。

氣象站整體架構

有了硬體架構後，將實體感測元件與開發板等連接成實體電路後，為了能夠建裡整個系統，我們參考下圖，來建立系統架構。

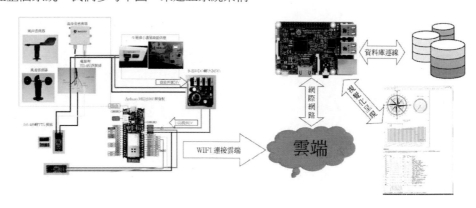

圖 156 氣象站整體架構圖

將讀取風向感測、風速感測、溫溼度感測器等模組感測值送到網頁

我們將 Arduino MKR1000 開發板的驅動程式安裝好之後，我們打開 Arduino MKR1000 開發板的開發工具：Sketch IDE 整合開發軟體(軟體下載請到：https://www.arduino.cc/en/Main/Software)，攥寫一段程式，如下表所示之透過 WIFI 模組傳送感測資料程式，透過 Arduino MKR1000 開發板，將讀取風向感測、風速感測、溫溼度感測器等模組感測值送到網頁上。

表 46 透過 WIFI 模組傳送感測資料程式

透過 WIFI 模組傳送感測資料程式(Weather_eBook)

```
#include "crc16.h"
#include <SPI.h>
#include <WiFi101.h>

#include "arduino_secrets.h"
///////please enter your sensitive data in the Secret tab/arduino_secrets.h
char ssid[] = SECRET_SSID;              // your network SSID (name)
char pass[] = SECRET_PASS;        // your network password (use for WPA, or use as key
for WEP)
int keyIndex = 0;                            // your network key Index number (needed only for
WEP)

int status = WL_IDLE_STATUS;
//char iotserver[] = "192.168.88.105";        // name address for Google (using DNS)
IPAddress iotserver(192,168,0,199) ;
int iotport = 80 ;

String strGet="GET /wind/windadd.php";
String strHttp=" HTTP/1.1";
String strHost="Host: 192.168.0.199";    //OK
   String connectstr ;
WiFiClient client;
uint8_t outdata1[] = {0x01, 0x03, 0x00, 0x00, 0x00, 0x01, 0x84, 0x0A } ;
// crc16 for data1 is 840A
uint8_t incomingdata1[7] ;
uint8_t outdata2[] = {0x02, 0x03, 0x00, 0x00, 0x00, 0x02, 0xC4, 0x38 } ;
// crc16 for data2 is   C438
uint8_t incomingdata2[9] ;
uint8_t outdata3[] = {0x03, 0x03, 0x00, 0x00, 0x00, 0x02, 0xC5, 0xE9 } ;
// crc16 for data3 is   C5E9
uint8_t incomingdata3[9] ;
String WindWay[] = {"北風","東北風","東風","東南風","南風","西南風","西風","西
北風" } ;
int Winddir=0 ;
```

```cpp
int Windangle=0 ;
String WinddirName =WindWay[Winddir]   ;
double Windspeed =0,   Temp=0, Humid =0 ;
 IPAddress ip ;
String MacData ;
void setup() {

  initall() ;
  // check for the presence of the shield:
  if (WiFi.status() == WL_NO_SHIELD) {
     Serial.println("WiFi shield not present");
     while (true);          // don't continue
  }

  // attempt to connect to WiFi network:
  while ( status != WL_CONNECTED)
  {

     // Connect to WPA/WPA2 network. Change this line if using open or WEP network:
     status = WiFi.begin(ssid, pass);
     // wait 10 seconds for connection:
     delay(4000);
  }

  printWiFiStatus();                              // you're connected now, so print out
the status
  MacData = GetMacAddress() ;

  }


void loop() {
  digitalWrite(RSLED,HIGH) ;
  GetSensorData() ;
  ShowSensor() ;
  digitalWrite(RSLED,LOW) ;
   connectstr = "" ;
```

```
    //http://192.168.88.88:8886//wind/win-
dadd.php?mac=AABBCCDDEEFF&ip=192.168.88.122&speed=2.2&way=0&waydir=0&t
emp=25&humid=67
  connectstr = "?mac=" + MacData+"&ip="+IpAddress2String(ip)+"&speed="+
String(Windspeed)+"&way="+ Windangle+"&waydir="+ Winddir+"&temp="+
String(Temp)+"&humid="+ String(Humid);
                Serial.println(connectstr) ;
                 if (client.connect(iotserver, iotport))
                      {
                           Serial.println("Make a HTTP request ... ");
                           //### Send to Server
                           String strHttpGet = strGet + connectstr + strHttp;
                           Serial.println(strHttpGet);

                           client.println(strHttpGet);
                           Serial.println(strHost);
                           client.println(strHost);
                            client.println("Connection: close");
                           client.println();
                      }


             if (client.connected())
             {
                   client.stop();    // DISCONNECT FROM THE SERVER
                      Serial.println("client disonnected");
             }
     digitalWrite(AccessLED,LOW) ;
   delay(30000);
}

void GetSensorData()
{
    GetWindSpeed() ;
    ClearBuffer() ;
    GetWindDir() ;
    ClearBuffer() ;
    GetDHT() ;
    ClearBuffer() ;
```

```
}

void ShowSensor()
{

  Serial.print("IP Address: ");
  Serial.println(ip);
    Serial.print("\n") ;
    Serial.print("Wind Speed is :(") ;
    Serial.print(Windspeed) ;
    Serial.print(" m/s )\n") ;
    Scrial.print("Wind Direction is :(") ;
    Serial.print(WinddirName) ;
    Serial.print(")\n") ;
    Serial.print("Temperature is :(") ;
    Serial.print(Temp) ;
    Serial.print(")\n") ;
    Serial.print("Humidity is :(") ;
    Serial.print(Humid) ;
    Serial.print(")\n") ;


}
void printWiFiStatus() {
  // print the SSID of the network you're attached to:
  Serial.print("SSID: ");
  Serial.println(WiFi.SSID());

  // print your WiFi shield's IP address:
  ip = WiFi.localIP();
  Serial.print("IP Address: ");
  Serial.println(ip);

  // print the received signal strength:
  long rssi = WiFi.RSSI();
  Serial.print("signal strength (RSSI):");
  Serial.print(rssi);
  Serial.println(" dBm");
  // print where to go in a browser:
  Serial.print("To see this page in action, open a browser to http://");
```

```
    Serial.println(ip);
}


//---------Speed----------
int GetWindSpeed()
{
      sendSpeedQuery() ;
       delay(250) ;
     if (receiveSpeedQuery())
         {

              if ( CompareCRC16(ModbusCRC16(incomingdata1,5),incoming-
data1[6],incomingdata1[5]) )
                    {
                        Windspeed= ( ( (double)incomingdata1[3]*256+(double)incoming-
data1[4] )/10)   ;
                        //Windangle= ( ( (double)incomingdata1[5]*256+(double)incom-
ingdata1[6] )/10)   ;
                         return (1)   ;
                    }
                    else
                    {
                         return (-1) ;
                    }


         }
         else
         {
              return (-2) ;

         }

}

void sendSpeedQuery()
{
     Serial1.write(outdata1,8) ;

}
```

```
boolean receiveSpeedQuery()
{
    boolean ret = false ;
    unsigned strtime = millis() ;
        while(true)
        {
                if ( (millis() - strtime) > 3000)
                {
                        ret = false ;
                         return    ret ;
                }

                if (Serial1.available() >= 7)
                    {
                            Serial1.readBytes(incomingdata1, 7) ;
                            ret = true ;
                            return    ret ;
                    }
        }
}




//---------Win direction----------
String GetWindDir()
{
     sendDirQuery() ;
      delay(250) ;
    int tmp = GetWindDirCheck() ;
    Serial.print("GetWindDir():(") ;
    Serial.print(tmp) ;
    Serial.print(")\n") ;
if (tmp >= 0)
  {
       return WindWay[tmp] ;
  }
   else
   {
```

```cpp
        return "Undefined" ;
  }
}

int CalcWind(uint8_t Hi, uint8_t Lo)
{
    return (   Hi *   256+ Lo   ) ;
}
int CalcWind1(uint8_t Hi, uint8_t Lo)
{
    if ((Hi,7) == 1)
      {
        Hi =   bitWrite(Hi,7,0) ;
         return (   Hi *   256+ Lo   ) * (-1) ;
      }
        else
        {
                return (   Hi *   256+ Lo   ) ;
        }

}
int GetWindDirCheck()
{

    if (receiveDirQuery())
        {

            if ( CompareCRC16(ModbusCRC16(incomingdata2,7),incoming-
data2[8],incomingdata2[7]) )
                {
                    Windangle = incomingdata2[5]*256+incomingdata2[6] ;
                    Winddir = incomingdata2[3]*256+incomingdata2[4]    ;
                    return (CalcWind(incomingdata2[3],incomingdata2[4]))   ;
                }
                else
                {
                    return (-1)   ;
                }
```

```
            }
        else
        {
            return (-2) ;

        }

}

void sendDirQuery()
{
    Serial1.write(outdata2,8) ;

}

boolean receiveDirQuery()
{
    boolean ret = false ;
    unsigned strtime = millis() ;
        while(true)
        {
            if ( (millis() - strtime) > 3000)
            {
                ret = false ;
                return   ret ;
            }

            if (Serial1.available() >= 9)
                {
                    Serial1.readBytes(incomingdata2, 9) ;
                    ret = true ;
                    return   ret ;
                }
        }
}

//---------DHT ----------
int GetDHT()
{
```

```
        sendDHTQuery() ;
        delay(250) ;
     int tmp = GetDHTCheck() ;
     if (tmp == 1)
        {
           Temp = (double)(CalcWind1(incomingdata3[5],incomingdata3[6])/10) ;
           Humid = (double)(CalcWind(incomingdata3[3],incomingdata3[4])/10) ;
        }
        else
        {
                Serial.print("GetDHTCheck Error Code is :(") ;
             Serial.print(tmp) ;
             Serial.print(")\n") ;
        }
   return tmp ;
}

int GetDHTCheck()
{

     if (receiveDHTQuery())
         {

              if ( CompareCRC16(ModbusCRC16(incomingdata3,7),incoming-
data3[8],incomingdata3[7]) )
                   {
                      return 1   ;
                   }
                   else
                   {
                      return (-1)   ;
                   }

         }
         else
         {
              return (-2) ;

         }
```

```
}

void sendDHTQuery()
{
    Serial1.write(outdata3,8) ;


}

boolean receiveDHTQuery()
{
    boolean ret = false ;
    unsigned strtime = millis() ;
        while(true)
          {
                if ( (millis() - strtime) > 3000)
                {
                        ret = false ;
                         return   ret ;
                }

                if (Serial1.available() >= 9)
                  {
                            Serial1.readBytes(incomingdata3, 9) ;
                             ret = true ;
                             return   ret ;
                  }
          }
}



//-----------
void ClearBuffer()
{
    unsigned char tt;
    if ( Serial1.available() >0)
      {
            while ( Serial1.available() >0)
                {
```

```
                    tt = Serial1.read() ;
            }
        }
}

void initall()
{
    Serial.begin(9600);           // initialize serial communication
    Serial1.begin(9600);           // initialize serial communication
    pinMode(PowerLED,OUTPUT) ;
    pinMode(RSLED,OUTPUT) ;
    pinMode(AccessLED,OUTPUT) ;
    digitalWrite(PowerLED,HIGH) ;
    digitalWrite(RSLED,LOW) ;
    digitalWrite(AccessLED,LOW) ;

}

String GetMacAddress() {
    // the MAC address of your WiFi shield
    String Tmp = "" ;
    byte mac[6];

    // print your MAC address:
    WiFi.macAddress(mac);
    for (int i=5; i>=0; i--)
        {
            Tmp.concat(print2HEX(mac[i])) ;
        }
        Tmp.toUpperCase() ;
    return Tmp ;
}




String   print2HEX(int number) {
    String ttt ;
    if (number >= 0 && number < 16)
    {
```

```
        ttt = String("0") + String(number,HEX);
    }
    else
    {
        ttt = String(number,HEX);
    }
    return ttt ;
}

String IpAddress2String(const IPAddress& ipAddress)
{
    return String(ipAddress[0]) + String(".") +\
    String(ipAddress[1]) + String(".") +\
    String(ipAddress[2]) + String(".") +\
    String(ipAddress[3])   ;
        }
```

程式碼：https://github.com/brucetsao/eWind/tree/master/Codes

表 47 透過 WIFI 模組傳送感測資料程式二

透過 WIFI 模組傳送感測資料程式(arduino_secrets.h)

```
#include <String.h>
#define SECRET_SSID "IOT"
#define SECRET_PASS "0123456789"
#define PowerLED 3
#define RSLED 4
#define AccessLED 5
String w1 = String("風速：");
String w2= String("風向：");
String w3 = String("溫度：");
String w4 = String("濕度：");
String w5 = String("公尺/秒");
    String w6 = String("度(攝氏)");
```

程式碼：https://github.com/brucetsao/eWind/tree/master/Codes

表 48 透過 WIFI 模組傳送感測資料程式三

透過 WIFI 模組傳送感測資料程式(crc16.h)

```
static const unsigned int wCRCTable[] = {
    0X0000, 0XC0C1, 0XC181, 0X0140, 0XC301, 0X03C0, 0X0280, 0XC241,
    0XC601, 0X06C0, 0X0780, 0XC741, 0X0500, 0XC5C1, 0XC481, 0X0440,
    0XCC01, 0X0CC0, 0X0D80, 0XCD41, 0X0F00, 0XCFC1, 0XCE81, 0X0E40,
    0X0A00, 0XCAC1, 0XCB81, 0X0B40, 0XC901, 0X09C0, 0X0880, 0XC841,
    0XD801, 0X18C0, 0X1980, 0XD941, 0X1B00, 0XDBC1, 0XDA81, 0X1A40,
    0X1E00, 0XDEC1, 0XDF81, 0X1F40, 0XDD01, 0X1DC0, 0X1C80, 0XDC41,
    0X1400, 0XD4C1, 0XD581, 0X1540, 0XD701, 0X17C0, 0X1680, 0XD641,
    0XD201, 0X12C0, 0X1380, 0XD341, 0X1100, 0XD1C1, 0XD081, 0X1040,
    0XF001, 0X30C0, 0X3180, 0XF141, 0X3300, 0XF3C1, 0XF281, 0X3240,
    0X3600, 0XF6C1, 0XF781, 0X3740, 0XF501, 0X35C0, 0X3480, 0XF441,
    0X3C00, 0XFCC1, 0XFD81, 0X3D40, 0XFF01, 0X3FC0, 0X3E80, 0XFE41,
    0XFA01, 0X3AC0, 0X3B80, 0XFB41, 0X3900, 0XF9C1, 0XF881, 0X3840,
    0X2800, 0XE8C1, 0XE981, 0X2940, 0XEB01, 0X2BC0, 0X2A80, 0XEA41,
    0XEE01, 0X2EC0, 0X2F80, 0XEF41, 0X2D00, 0XEDC1, 0XEC81, 0X2C40,
    0XE401, 0X24C0, 0X2580, 0XE541, 0X2700, 0XE7C1, 0XE681, 0X2640,
    0X2200, 0XE2C1, 0XE381, 0X2340, 0XE101, 0X21C0, 0X2080, 0XE041,
    0XA001, 0X60C0, 0X6180, 0XA141, 0X6300, 0XA3C1, 0XA281, 0X6240,
    0X6600, 0XA6C1, 0XA781, 0X6740, 0XA501, 0X65C0, 0X6480, 0XA441,
    0X6C00, 0XACC1, 0XAD81, 0X6D40, 0XAF01, 0X6FC0, 0X6E80, 0XAE41,
    0XAA01, 0X6AC0, 0X6B80, 0XAB41, 0X6900, 0XA9C1, 0XA881, 0X6840,
    0X7800, 0XB8C1, 0XB981, 0X7940, 0XBB01, 0X7BC0, 0X7A80, 0XBA41,
    0XBE01, 0X7EC0, 0X7F80, 0XBF41, 0X7D00, 0XBDC1, 0XBC81, 0X7C40,
    0XB401, 0X74C0, 0X7580, 0XB541, 0X7700, 0XB7C1, 0XB681, 0X7640,
    0X7200, 0XB2C1, 0XB381, 0X7340, 0XB101, 0X71C0, 0X7080, 0XB041,
    0X5000, 0X90C1, 0X9181, 0X5140, 0X9301, 0X53C0, 0X5280, 0X9241,
    0X9601, 0X56C0, 0X5780, 0X9741, 0X5500, 0X95C1, 0X9481, 0X5440,
    0X9C01, 0X5CC0, 0X5D80, 0X9D41, 0X5F00, 0X9FC1, 0X9E81, 0X5E40,
    0X5A00, 0X9AC1, 0X9B81, 0X5B40, 0X9901, 0X59C0, 0X5880, 0X9841,
    0X8801, 0X48C0, 0X4980, 0X8941, 0X4B00, 0X8BC1, 0X8A81, 0X4A40,
    0X4E00, 0X8EC1, 0X8F81, 0X4F40, 0X8D01, 0X4DC0, 0X4C80, 0X8C41,
    0X4400, 0X84C1, 0X8581, 0X4540, 0X8701, 0X47C0, 0X4680, 0X8641,
    0X8201, 0X42C0, 0X4380, 0X8341, 0X4100, 0X81C1, 0X8081, 0X4040 };

unsigned int    ModbusCRC16 (byte *nData, int wLength)
{
```

```
    byte nTemp;
    unsigned int wCRCWord = 0xFFFF;

    while (wLength--)
    {
        nTemp = *nData++ ^ wCRCWord;
        wCRCWord >>= 8;
        wCRCWord    ^= wCRCTable[nTemp];
    }
    return wCRCWord;
} // End: CRC16


boolean CompareCRC16(unsigned int stdvalue, uint8_t Li, uint8_t Lo)
{

    if (stdvalue == Li*256+Lo)
    {
        return true ;
    }
    else
    {
        return false ;
    }
}
```

程式碼:https://github.com/brucetsao/eWind/tree/master/Codes

風向顯示網頁設計

如下圖所是,一般風向儀都是這樣立在外面,由風向箭頭與下面東、西、南、
北四方向或八方向或十六方向,由風向箭頭與方向比較後得知,目前方向。

圖 157 一般風向儀示意圖

　　由於本文使用的風向儀在外體仍保持風向儀的外觀，但是指示方向的方式已經

透過 RS-485 資訊傳送到資料收集端。

　　由於大部分使用者仍習慣於方向視覺化設計，如下圖的羅盤：

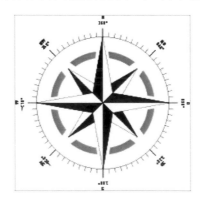

圖 158 一般羅盤示意圖

　　所以我們如果在資訊視覺化，使用上圖所示羅盤方式，對整個系統會更好，所

以設計上，我們採用下圖所示之羅盤底圖：

圖 159 系統設計之羅盤底圖

我們在使用下表的所示之羅盤的 CSS 原始碼：

表 49 顯示羅盤的 CSS 原始碼

```
<style type="text/css">
#compass {
    width: 600px;
    height: 600px;
    background-image:url('images/compass6.jpg');
    position: relative;
}

#arrow {
    width: 10px;
```

```
    height: 380px;
    background-color:#F00;
    position: absolute;
    top: 110px;
    left: 295px;;
    -webkit-transform:rotate(30 deg);
    -moz-transform:rotate(30 deg);
    -o-transform:rotate(30 deg);
    -ms-transform:rotate(30 deg);
}
#arrowhead{
    width: 0;
    height: 0;
    position: absolute;
    background-color: transparent;
    top: -10px;
    left: -10px;
    border-style: solid;
    border-width: 0 15px 26.0px 15px;
    border-color: transparent transparent #007bff transparent;
}
    </style>
```

　　將這個上表所示之 CSS 碼，勘入到 HTML 後，玩下表所示之數位羅盤的網頁碼：

表 50 數位羅盤的網頁碼

數位羅盤的網頁碼(compass.html)
<!DOCTYPE html PUBLIC "-//W3C//DTD XHTML 1.0 Transitional//EN" "http://www.w3.org/TR/xhtml1/DTD/xhtml1-transitional.dtd"> <html xmlns="http://www.w3.org/1999/xhtml"> <head> <meta http-equiv="Content-Type" content="text/html; charset=utf-8" /> <title>吳厝國小樹屋網站</title> <style type="text/css">

```
#compass {
   width: 600px;
   height: 600px;
   background-image:url('images/compass6.jpg');
   position: relative;
}

#arrow {
   width: 10px;
   height: 380px;
   background-color:#F00;
   position: absolute;
   top: 110px;
   left: 295px;;
   -webkit-transform:rotate(30 deg);
   -moz-transform:rotate(30 deg);
   -o-transform:rotate(30 deg);
   -ms-transform:rotate(30 deg);
}
#arrowhead{
      width: 0;
      height: 0;
      position: absolute;
      background-color: transparent;
      top: -10px;
      left: -10px;
      border-style: solid;
      border-width: 0 15px 26.0px 15px;
      border-color: transparent transparent #007bff transparent;
}
</style>

</head>

<body>
<div id="compass">
   <div id="arrow"><div id="arrowhead"></div></div>
</div>
</body>
```

配合上面的圖檔，我們可以將 compass.html，上傳到網站，可以看到如下圖所示之數位羅盤：

圖 160 數位羅盤

Hight Chart 數位儀表板

我們適用 Hight Chart 的網頁圖表元件，其網址為：https://www.highcharts.com/，可以在網址：https://www.highcharts.com/demo，看到下圖所示之展現的圖表

圖 161 Hight Chart Demo

　　如上圖所示，由於 Hight Chart 可以使用的圖表非常多，筆者會在另訂專書介

紹之，不會在此詳述。

　　我們先到網站：https://www.highcharts.com/blog/products/highcharts/，先到下載

網址：https://www.highcharts.com/blog/download/，再到網址：

https://code.highcharts.com/zips/Highcharts-

7.1.1.zip?_ga=2.212724116.1020737556.1558182855-1925922512.1553674434，進行下
載，再將下載的壓縮檔，解開之後安裝之，需要了解的部分。可以參考網址：
https://www.highcharts.com/docs/，進階 API 部分，也可以參考網址：
https://api.highcharts.com/highcharts/?_ga=2.179678756.1020737556.1558182855-
1925922512.1553674434。

風向站之數位儀表板開發

我們用 Adobe Dreamweaver ，把下表所示之 PHP 程式碼鑽寫在 index.php，並放
在樹屋網站的根目錄，完成程式設計。

表 51 風向站之數位儀表板控制程式

風向站之數位儀表板控制程式(index.php)

```php
<?php
$systime = array();
$temp = array();
$humid = array();

//SELECT * FROM   (SELECT * FROM `wind` WHERE 1 order by sysdatetime desc
limit 0,60) as tt   order by sysdatetime asc
    include("Connections/iotcnn.php");        //使用資料庫的呼叫程式
        //    Connection() ;
    $link=Connection();
    $result1=mysql_query("SELECT *   FROM `wind` WHERE 1 order by sys-
datetime desc LIMIT 0,1",$link);
    $result2=mysql_query("SELECT * FROM   (SELECT * FROM `wind` WHERE 1
order by sysdatetime desc limit 0,50) as tt   order by sysdatetime asc",$link);


  if($result1!==FALSE){
      while($row = mysql_fetch_array($result1)) {
          $deg =   $row["way"]   ;
```

```php
            $windspeed = $row["speed"] ;
        }
        mysql_free_result($result1);
        mysql_close();
    }

    if($result2!==FALSE){
        while($row = mysql_fetch_array($result2)) {
                array_push($systime, $row["sysdatetime"]);
                array_push($temp, $row["temp"]);
                array_push($humid, $row["humid"]);

        }
        mysql_free_result($result2);
        mysql_close();
    }


?>
```

```html
<!DOCTYPE html PUBLIC "-//W3C//DTD XHTML 1.0 Transitional//EN"
"http://www.w3.org/TR/xhtml1/DTD/xhtml1-transitional.dtd">
<html xmlns="http://www.w3.org/1999/xhtml">
<head>
<meta http-equiv="X-UA-Compatible" content="IE=edge">
<meta http-equiv="refresh" content="20">
<meta http-equiv="Content-Type" content="text/html; charset="UTF-8" />
<!-- 告訴 Google 不要再搜索框裡面顯示網站鏈接-->
<meta name="google" content="nositelinkssearchbox">


<!-- 告訴 Google 不要翻譯這個頁面 -->
<meta name="google" content="notranslate">


<title>吳厝國小樹屋網站</title>
<style type="text/css">
#compass {
    width: 600px;
    height: 600px;
    background-image:url('images/compass6.jpg');
    position: relative;
```

```
}
#arrow {
    width: 10px;
    height: 380px;
    background-color:#F00;
    position: absolute;
    top: 110px;
    left: 295px;;
    -webkit-transform:rotate(<?php echo $deg?>deg);
    -moz-transform:rotate(<?php echo $deg?>deg);
    -o-transform:rotate(<?php echo $deg?>deg);
    -ms-transform:rotate(<?php echo $deg?>deg);
}
#arrowhead{
        width: 0;
        height: 0;
        position: absolute;
        background-color: transparent;
        top: -10px;
        left: -10px;
        border-style: solid;
        border-width: 0 15px 26.0px 15px;
        border-color: transparent transparent #007bff transparent;
}
</style>
<script src="/code/highcharts.js"></script>
<script src="/code/highcharts-more.js"></script>
<script src="/code/modules/exporting.js"></script>
<script src="/code/modules/export-data.js"></script>
<script src="/code/modules/exporting.js"></script>
<script src="/code/modules/export-data.js"></script>

</head>
<body>
    <table border="1" cellspacing="1" cellpadding="1">
          <tr>
              <td>
              <div align="center">吳厝國小 目前風速
```

```html
            </div>
            <div id="compass">
                <div id="arrow">
                <div id="arrowhead"></div></div>
        </div>
        </td>
        <td>
        <div id="container" style="min-width: 400px; max-width: 400px; height:
400px; margin: 0 auto"></div>
        </td>
    </tr>
    <tr>
        <td colspan="2">


        <div id="container1" style="min-width: 800px; height: 600px; margin: 0
auto"></div>




        </td>
    </tr>


    </table>


    <div>
    <h2>蒲福風級表</h2>
    <p>    下表為台灣中央氣象局現行的風級標準,中央氣象局採用的標
準等同於 1946 年由 WMO 所公布的國際標準,陸地與海面情形就是辛普森及
彼得森所做的對照描述。(資料來源:<a href="http://typhoon.ws/learn/refer-
ence/beaufort_scale">http://typhoon.ws/learn/reference/beaufort_scale</a>,<a
href="https://www.cwb.gov.tw/V7/knowledge/encyclope-
dia/ty023.htm">https://www.cwb.gov.tw/V7/knowledge/encyclope-
dia/ty023.htm</a></p>
    <p> </p>
```

```
</div>
<table>
  <tbody>
    <tr>
      <td rowspan="3">級數</td>
      <td colspan="5">國際標準 (由 WMO 公布)</td>
      <td colspan="2">香港標準</td>
      <td colspan="3">風浪對照</td>
      <td rowspan="3">陸地情形；<br />
        海面情形</td>
    </tr>
    <tr>
      <td rowspan="2">名稱</td>
      <td colspan="4">風速</td>
      <td rowspan="2">名稱</td>
      <td>風速</td>
      <td rowspan="2">名稱</td>
      <td>一般</td>
      <td>最大</td>
    </tr>
    <tr>
      <td>m/s</td>
      <td>km/h</td>
      <td>knot</td>
      <td>mph</td>
      <td>km/h</td>
      <td colspan="2">m</td>
    </tr>
    <tr>
      <td>0</td>
      <td>無風<br />
        Calm</td>
      <td>0 - 0.2</td>
      <td>&lt; 1</td>
      <td>&lt; 1</td>
      <td>&lt; 1</td>
      <td>無風</td>
      <td>&lt; 2</td>
      <td>－</td>
```

```
     <td>－</td>
     <td>－</td>
     <td>靜，煙直上；<br />
        海面如鏡。</td>
  </tr>
  <tr>
     <td>1</td>
     <td>軟風<br />
        Light air</td>
     <td>0.3 - 1.5</td>
     <td>1 - 5</td>
     <td>1 - 3</td>
     <td>1 - 3</td>
     <td rowspan="2">輕微</td>
     <td>2 - 6</td>
     <td rowspan="2">微波</td>
     <td>0.1</td>
     <td>0.1</td>
     <td>炊煙可表示風向，風標不動；<br />
        海面有鱗狀波紋，波峰無泡沫。</td>
  </tr>
  <tr>
     <td>2</td>
     <td>輕風<br />
        Light breeze</td>
     <td>1.6 - 3.3</td>
     <td>6 - 11</td>
     <td>4 - 6</td>
     <td>4 - 7</td>
     <td>7 - 12</td>
     <td>0.2</td>
     <td>0.3</td>
     <td>風拂面，樹葉有聲，普通風標轉動；<br />
        微波明顯，波峰光滑未破裂。</td>
  </tr>
  <tr>
     <td>3</td>
     <td>微風<br />
        Gentle breeze</td>
```

```
<td>3.4 - 5.4</td>
<td>12 - 19</td>
<td>7 - 10</td>
<td>8 - 12</td>
<td rowspan="2">和緩</td>
<td>13 - 19</td>
<td>小波</td>
<td>0.6</td>
<td>1.0</td>
<td>樹葉及小枝搖動，旌旗招展；<br />
    小波，波峰開始破裂，泡沫如珠，波峰偶泛白沫。</td>
</tr>
<tr>
<td>4</td>
<td>和風<br />
    Moderate breeze</td>
<td>5.5 - 7.9</td>
<td>20 - 28</td>
<td>11 - 16</td>
<td>13 - 18</td>
<td>20 - 30</td>
<td>小浪</td>
<td>1.0</td>
<td>1.5</td>
<td>塵沙飛揚，紙片飛舞，小樹幹搖動；<br />
    小波漸高，波峰白沫漸多。</td>
</tr>
<tr>
<td>5</td>
<td>清風<br />
    Fresh breeze</td>
<td>8.0 - 10.7</td>
<td>29 - 38</td>
<td>17 - 21</td>
<td>19 - 24</td>
<td>清勁</td>
<td>31 - 40</td>
<td>中浪</td>
<td>2.0</td>
```

```
    <td>2.5</td>
    <td>有葉之小樹搖擺，內陸水面有小波；<br />
        中浪漸高，波峰泛白沫，偶起浪花。</td>
</tr>
<tr>
    <td>6</td>
    <td>強風<br />
        Strong breeze</td>
    <td>10.8 - 13.8</td>
    <td>39 - 49</td>
    <td>22 - 27</td>
    <td>25 - 31</td>
    <td rowspan="2">強風</td>
    <td>41 - 51</td>
    <td rowspan="2">大浪</td>
    <td>3.0</td>
    <td>4.0</td>
    <td>大樹枝搖動，電線呼呼有聲，舉傘困難；<br />
        大浪形成，白沫範圍增大，漸起浪花。</td>
</tr>
<tr>
    <td>7</td>
    <td>疾風<br />
        Near gale</td>
    <td>13.9 - 17.1</td>
    <td>50 - 61</td>
    <td>28 - 33</td>
    <td>32 - 38</td>
    <td>52 - 62</td>
    <td>4.0</td>
    <td>5.5</td>
    <td>全樹搖動，迎風步行有阻力；<br />
        海面湧突，浪花白沫沿風成條吹起。</td>
</tr>
<tr>
    <td>8</td>
    <td>大風<br />
        Gale</td>
    <td>17.2 - 20.7</td>
```

```
<td>62 - 74</td>
<td>34 - 40</td>
<td>39 - 46</td>
<td rowspan="2">烈風</td>
<td>63 - 75</td>
<td>巨浪</td>
<td>6.0</td>
<td>7.5</td>
<td>小枝吹折，逆風前進困難；<br />
    巨浪漸升，波峰破裂，浪花明顯成條沿風吹起。</td>
</tr>
<tr>
  <td>9</td>
  <td>烈風<br />
    Strong gale</td>
  <td>20.8 - 24.4</td>
  <td>75 - 88</td>
  <td>41 - 47</td>
  <td>47 - 54</td>
  <td>76 - 87</td>
  <td>猛浪</td>
  <td>7.0</td>
  <td>10.0</td>
  <td>煙突屋瓦等將被吹損；<br />
    猛浪驚濤，海面漸呈洶湧，浪花白沫增濃，<br />
    減低能見度。</td>
</tr>
<tr>
  <td>10</td>
  <td>暴風<br />
    Storm</td>
  <td>24.5 - 28.4</td>
  <td>89 - 102</td>
  <td>48 - 55</td>
  <td>55 - 63</td>
  <td rowspan="2">暴風</td>
  <td>88 - 103</td>
  <td rowspan="8">狂濤</td>
  <td>9.0</td>
```

```
  <td>12.5</td>
  <td>陸上不常見，見則拔樹倒屋或有其他損毀；<br />
    猛浪翻騰波峰高聳，浪花白沫堆集，<br />
    海面一片白浪，能見度減低。</td>
</tr>
<tr>
  <td>11</td>
  <td>狂風<br />
    Violent storm</td>
  <td>28.5 - 32.6</td>
  <td>103 - 117</td>
  <td>56 - 63</td>
  <td>64 - 72</td>
  <td>104 - 117</td>
  <td>11.5</td>
  <td>16.0</td>
  <td>陸上絕少，有則必有重大災害；<br />
    狂濤高可掩蔽中小海輪，海面全為白浪<br />
    掩蓋，能見度大減。</td>
</tr>
<tr>
  <td>12</td>
  <td>颶風<br />
    Hurricane</td>
  <td>32.7 - 36.9</td>
  <td>118 - 133</td>
  <td>64 - 71</td>
  <td>73 - 82</td>
  <td>颶風</td>
  <td>118 - 135</td>
  <td>14.0</td>
  <td>－</td>
  <td>－<br />
    空中充滿浪花白沫，能見度惡劣。</td>
</tr>
<tr>
  <td>13</td>
  <td>－</td>
  <td>37.0 - 41.4</td>
```

```html
      <td>134 - 149</td>
      <td>72 - 80</td>
      <td>83 - 92</td>
      <td></td>
      <td></td>
      <td>－</td>
      <td>－</td>
      <td>－</td>
    </tr>
    <tr>
      <td>14</td>
      <td>－</td>
      <td>41.5 - 46.1</td>
      <td>150 - 166</td>
      <td>81 - 89</td>
      <td>93 - 103</td>
      <td></td>
      <td></td>
      <td>－</td>
      <td>－</td>
      <td>－</td>
    </tr>
    <tr>
      <td>15</td>
      <td>－</td>
      <td>46.2 - 50.9</td>
      <td>167 - 183</td>
      <td>90 - 99</td>
      <td>104 - 114</td>
      <td></td>
      <td></td>
      <td>－</td>
      <td>－</td>
      <td>－</td>
    </tr>
    <tr>
      <td>16</td>
      <td>－</td>
      <td>51.0 - 56.0</td>
```

```html
        <td>184 - 201</td>
        <td>100 - 108</td>
        <td>115 - 125</td>
        <td></td>
        <td></td>
        <td>－</td>
        <td>－</td>
        <td>－</td>
      </tr>
      <tr>
        <td>17</td>
        <td>－</td>
        <td>56.1 - 61.2</td>
        <td>202 - 220</td>
        <td>109 - 118</td>
        <td>126 - 136</td>
        <td></td>
        <td></td>
        <td>－</td>
        <td>－</td>
        <td>－</td>
      </tr>
    </tbody>
  </table>
  <p>註：香港天文台公布的標準中，「節」(knot)亦同於國際標準，不同處
在於「節」(knot)換算成「公里／每小時」(km/h)取不同的約略值。</p>
<script type="text/javascript">


Highcharts.chart('container', {

    chart: {
        type: 'gauge',
        plotBackgroundColor: null,
        plotBackgroundImage: null,
        plotBorderWidth: 0,
        plotShadow: false
    },
```

```
title: {
    text: '吳厝國小 目前風速'
},

pane: {
    startAngle: -150,
    endAngle: 150,
    background: [{
        backgroundColor: {
            linearGradient: { x1: 0, y1: 0, x2: 0, y2: 1 },
            stops: [
                [0, '#FFF'],
                [1, '#333']
            ]
        },
        borderWidth: 0,
        outerRadius: '109%'
    }, {
        backgroundColor: {
            linearGradient: { x1: 0, y1: 0, x2: 0, y2: 1 },
            stops: [
                [0, '#333'],
                [1, '#FFF']
            ]
        },
        borderWidth: 1,
        outerRadius: '107%'
    }, {
        // default background
    }, {
        backgroundColor: '#DDD',
        borderWidth: 0,
        outerRadius: '105%',
        innerRadius: '103%'
    }]
},

// the value axis
yAxis: {
```

```
            min: 0,
            max: 70,

            minorTickInterval: 'auto',
            minorTickWidth: 1,
            minorTickLength: 10,
            minorTickPosition: 'inside',
            minorTickColor: '#666',

            tickPixelInterval: 30,
            tickWidth: 2,
            tickPosition: 'inside',
            tickLength: 10,
            tickColor: '#666',
            labels: {
                step: 2,
                rotation: 'auto'
            },
            title: {
                tcxt: 'm/s'
            },
            plotBands: [{
                from: 0,
                to: 10.7,
                color: '#55BF3B' // green
            }, {
                from: 10.8,
                to: 20.7,
                color: '#DDDF0D' // yellow
            }, {
                from: 20.8,
                to: 70,
                color: '#DF5353' // red
            }]
        },

    series: [{
        name: 'Speed',
        data: [<?php echo $windspeed ?>],
```

```
        tooltip: {
            valueSuffix: ' m/s'
        }
    }]

},
// Add some life
function (chart) {
    if (!chart.renderer.forExport)
    {
        setInterval(function ()
        {
            var point = chart.series[0].points[0],
                newVal,
                inc = Math.round((Math.random() - 0.5) * 5);

            newVal = point.y + inc;
            if (newVal < 0 || newVal > 70) {
                newVal = point.y - inc;
            }

            point.update($windspeed);

        }, 3000);
    }
});

Highcharts.chart('container1', {
    chart: {
        zoomType: 'xy'
    },
    title: {
        text: '吳厝國小校園溫濕度'
    },
    subtitle: {
        text: '吳厝國小氣象偵測站'
    },
    xAxis: [{
        categories: [
```

```php
    <?php
    for($i=0;$i < count($systime);$i=$i+1)
    {
        echo "'";
                        echo $systime[$i];
        echo "',";
    }
        ?>],
    crosshair: true
}],
yAxis: [{ // Primary yAxis
    labels: {
        format: '{value}°C',
        style: {
            color: Highcharts.getOptions().colors[1]
        }
    },
    title: {
        text: '溫度',
        style: {
            color: Highcharts.getOptions().colors[1]
        }
    }
}, { // Secondary yAxis
    title: {
        text: '濕度',
        style: {
            color: Highcharts.getOptions().colors[0]
        }
    },
    labels: {
        format: '{value} %',
        style: {
            color: Highcharts.getOptions().colors[0]
        }
    },
    opposite: true
}],
tooltip: {
```

```
            shared: true
        },
    legend: {
        layout: 'vertical',
        align: 'left',
        x: 120,
        verticalAlign: 'top',
        y: 100,
        floating: true,
        backgroundColor: (Highcharts.theme && Highcharts.theme.legendBack-
groundColor) || 'rgba(255,255,255,0.25)'
        },
    series: [{
        name: '濕度',
        type: 'column',
        yAxis: 1,
        data: [
        <?php
        for($i=0;$i < count($humid);$i=$i+1)
        {
            echo $humid[$i];
            echo ",";
        }
            ?>],
        tooltip: {
            valueSuffix: ' mm'
        }

    }, {
        name: '溫度',
        type: 'spline',
        data: [
        <?php
        for($i=0;$i < count($temp);$i=$i+1)
        {
            echo $temp[$i];
            echo ",";
        }
            ?>],
```

```
        tooltip: {
            valueSuffix: '°C'
        }
    }]
});
        </script>
</body>
    </html>
```

上傳 index.php 程式，並把相關圖片與 Hight Chart 元件安裝好，不會安裝的讀者，可以到網址：https://github.com/brucetsao/eWind/tree/master/Website，把整個 tree 目錄下載後，安裝到您的網站。

如下圖所示，在瀏覽器中我們可以看到數位風向盤、風速儀錶板、溫濕度趨勢圖等整合資訊於風向站之數位儀表板網站。

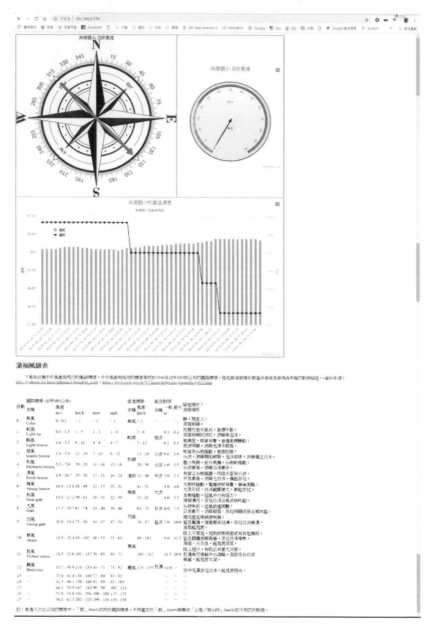

圖 162 風向站之數位儀表板網站

章節小結

本章主要介紹風向站之數位儀表板網站的整合系統，網站最後建置，系統整合等內容。

透過本章節的解說，相信讀者會對風向站之數位儀表板網站開發、使用風向、風速、溫溼度等偵測模組與網頁展現資訊的技術，有更深入的了解與體認。

本書總結

　　作者之一是清水吳厝國小 校長黃朝恭 先生，校址位於台中國際機場邊，也是清水的偏鄉學校，在建立逢甲牛罵頭小書屋，體認對於學子的健康與社區健康深感重要，委託筆者在該校內建立氣象監測站，並透過物聯網的技術，將這樣的資訊網頁化，可以讓各地方的使用者查詢到該區域的氣象資訊，鑑於如此，筆者將氣象感測監控的技術分享給讀者，希望可以透過我的經驗號召更多有志之士，可以將環境監控的感測資訊提升到更圓滿的境界。

作者介紹

曹永忠 (Yung-Chung Tsao) ，國立中央大學資訊管理學系博士，目前在國立暨南國際大學電機工程學系與國立高雄科技大學商務資訊應用系兼任助理教授與自由作家，專注於軟體工程、軟體開發與設計、物件導向程式設計、物聯網系統開發、Arduino 開發、嵌入式系統開發。長期投入資訊系統設計與開發、企業應用系統開發、軟體工程、物聯網系統開發、軟硬體技術整合等領域，並持續發表作品及相關專業著作。

Email:prgbruce@gmail.com

Line ID：dr.brucetsao

WeChat：dr_brucetsao

作者網站：https://www.cs.pu.edu.tw/~yctsao/

臉書社群(Arduino.Taiwan)：

https://www.facebook.com/groups/Arduino.Taiwan/

Github 網站：https://github.com/brucetsao/

原始碼網址：https://github.com/brucetsao/eWind

Youtube：

https://www.youtube.com/channel/UCcYG2yY_u0m1aotcA4hrRgQ

黃朝恭 校長

壹、學歷

- 國立臺中師範學院教育測驗統計研究所碩士
- 國立臺中師範學院數理教育學系畢業
- 省立臺中師範學院五專部普通師資科數學組畢業
- 臺中縣立清水區清泉國中畢業
- 臺中縣立清水區三田國小畢業

貳、經歷

- 臺中市清水區吳厝國民小學校長(1030801～ 迄今)
- 臺中市國民教育輔導團資訊教育議題輔導小組副召集人(1030801～ 迄今)
- 教育局體育保健科見習候用校長 (1020801～1030731)
- 臺中市清水區吳厝國民小學總務主任(1010801～1020801)
- 臺中市清水區吳厝國民小學輔導主任兼資訊教師(990801～1010801)
- 臺中縣清水區吳厝國民小學教務主任兼資訊教師(980801～990801)
- 臺中縣清水區吳厝國民小學教導主任兼資訊教師(940801～980801)
- 臺中縣清水區吳厝國民小學級任教師兼資訊教師(920801～940801)
- 臺中縣清水區清水國民小學設備組長　　 (870801～920801)
- 臺中縣清水區清水國民小學教師　　 (830801～870801)

- 臺中縣清水區西寧國民小學教師　　　(810801～830801)
- 臺中縣清水區東山國民小學教師　　　(770801～810801)

參、訓練及考試
- 臺中縣九十一學年度國民中小學學校教職員資訊基本能力檢測合格
- 臺中縣九十二學年度國民中小學網路管理人員資訊能力檢測合格
- 臺中縣九十二學年度國民中小學學校教職員資訊進階能力檢測合格
- 教育部資訊種子教師第 13 期民國八十四年班(中央大學資策會合辦)
- 國立彰化師範大學八十四學年度電腦輔助教學設計肆學分班
- 國立中興大學八十八學年度臺灣學術網路技術管理教師班參學分班
- 98-101 學年度參加教師專業發展評鑑計畫
- 臺中縣九十八年優良教育人員
- 臺中市 101 年防火管理人員初階訓練合格
- 教師專業發展評鑑初階人員陪訓及格
- 教師專業發展評鑑進階人員陪訓及格
- 教師專業發展評鑑教學輔導教師培訓貳學分
- 臺中縣第二期國民中小學主任儲訓班
- 臺中市校長班國立教育研究院校長儲訓班第 134 期

肆、自傳
■個人理念

　　教育大師佐藤學:「真正的教育是所有人一起學習」,投入基層教育工作三十年,至今我仍熱愛這份志業,期許站得越高能看得越廣,以教學專業和豐富經驗能服務更多人,讓社會更美好。

■學習成長

出生於清水農村,父母親均未受過正統教育,本身亦未進過幼稚園與補習班,受國中小老師教誨感動,立下能為人師表之志願。國中畢業幸運考上臺中師專,接受正統師資訓練,畢業後分發故鄉,歷經導師、專任教師、設備組長。
「教然後知不足」,於是致力在職進修,曾甄選至中央大學接受資訊種子教師訓練,後進入國立臺中師院數理教育學系,同時考上該校教育測驗統計研究所,歷經三年在職進修,千禧年得到碩士學位;而後參加臺中縣第二期主任甄選,學習豐碩,眼界更廣,時常參加線上進修課程,終身學習。

■專業發展

資訊教育方面:曾參與清水國小有線電視各班視聽設計與規劃,規劃新穎電腦教室,建置全校電腦網路,並兩度參加大型與偏遠小型學校教育部資訊種子學校計畫,學習運用資訊科技教學新模式,今年加入臺中市 ICT 資訊融入教學計畫,並代表參加教育部資訊典範團隊選拔,擔任臺中市國民教育輔導團資訊教育議題輔導小組副召集人多年。

推動閱讀方面：於清水國小推動閱讀活動「k書王」，吳厝國小編寫教師專業方面：參加「教師專業發展評鑑計畫」及12，提昇本校教師的教學專業知能，成立專業學習社群，擔任領頭羊，增進與分享教學伙伴的教學新知，並應用於學生學習，建置吳厝國小良好閱讀空間：牛罵頭書屋、樂讀角、音閱花坊、社區共讀站，營造書香校園。

Email: chaokung@wtes.tc.edu.tw

作者網站：吳厝的阿恭校長 http://wu-tso-principal.blogspot.com/

臉書：https://www.facebook.com/profile.php?id=100002154814193

參考文獻

Tsao, Y. C., Tsai, Y. T., & Hsu, S. F. (2016). *Design and Implementation of a LASS-based Environment Monitoring System*. Paper presented at the Embedded Multi-core Computing and Applications (EMCA 2016), Paris, France.

吳昇峰, 陶光柏, 王薇婷, 黃玉甄, 吳佳駿, & 曹永忠. (2017). *實作細懸浮微粒子偵測裝置以進行中國陰霾吹入金門之數據分析(An Implementation of a Particle Detective Device to Display an Impact Analysis of Kinmen Air Pollution from China Haze)*. Paper presented at the 第 24 屆中華民國人因工程學會 年會暨學術研討會, 台灣、金門.

柯清長. (2016). LASS 環境感測網路之實作研究.

曹永忠. (2016a). 工業 4.0 實戰-透過網頁控制繼電器開啟家電. *Circuit Cellar 嵌入式科技*(國際中文版 NO.7), 72-83.

曹永忠. (2016b). 智慧家庭：PM2.5 空氣感測器（感測器篇）. *智慧家庭*. Retrieved from https://vmaker.tw/archives/3812

曹永忠. (2016c). 智慧家庭：PM2.5 空氣感測器（上網篇：啟動網路校時功能）. *智慧家庭*. Retrieved from https://vmaker.tw/archives/7305

曹永忠. (2016d). 智慧家庭：PM2.5 空氣感測器（上網篇：連上 MQTT）. *智慧家庭*. Retrieved from https://vmaker.tw/archives/7490

曹永忠. (2016e). 智慧家庭：PM2.5 空氣感測器（硬體組裝上篇）. *智慧家庭*. Retrieved from https://vmaker.tw/archives/3901

曹永忠. (2016f). 智慧家庭：PM2.5 空氣感測器（硬體組裝下篇）. *智慧家庭*. Retrieved from https://vmaker.tw/archives/3945

曹永忠. (2016g). 智慧家庭：PM2.5 空氣感測器（電路設計上篇）. *智慧家庭*. Retrieved from https://vmaker.tw/archives/4029

曹永忠. (2016h). 智慧家庭：PM2.5 空氣感測器（電路設計下篇）. *智慧家庭*. Retrieved from https://vmaker.tw/archives/4127

曹永忠. (2016i). 智慧家庭：PM2.5 空氣感測器（檢核資料）. *智慧家庭*. Retrieved from https://vmaker.tw/archives/8587

曹永忠. (2017). 【Tutorial】溫濕度感測模組與大型顯示裝置的整合應用. Retrieved from https://makerpro.cc/2017/11/integration-of-temperature-and-humidity-sensing-module-and-large-display/

曹永忠, 吳佳駿, 許智誠, & 蔡英德. (2016a). *Ameba 程式設計(基礎篇):Ameba RTL8195AM IOT Programming (Basic Concept & Tricks)* (初版 ed.). 台灣、彰化: 渥瑪數位有限公司.

曹永忠, 吳佳駿, 許智誠, & 蔡英德. (2016b). *Ameba 程序設計(基础篇):Ameba RTL8195AM IOT Programming (Basic Concept & Tricks)* (初版 ed.). 台灣、彰化: 渥瑪數位有限公司.

曹永忠, 吳佳駿, 許智誠, & 蔡英德. (2017a). *Ameba 程式設計(物聯網基礎篇):An Introduction to Internet of Thing by Using Ameba RTL8195AM* (初版 ed.). 台湾、彰化: 渥瑪數位有限公司.

曹永忠, 吳佳駿, 許智誠, & 蔡英德. (2017b). *Ameba 程序设计(物联网基础篇):An Introduction to Internet of Thing by Using Ameba RTL8195AM* (初版 ed.). 台湾、彰化: 渥瑪數位有限公司.

曹永忠, 吳佳駿, 許智誠, & 蔡英德. (2017c). *Arduino 程式設計教學(技巧篇):Arduino Programming (Writing Style & Skills)* (初版 ed.). 台湾、彰化: 渥瑪數位有限公司.

曹永忠, 許智誠, & 蔡英德. (2016a). *Ameba 空气粒子感测装置设计与开发(MQTT 篇):Using Ameba to Develop a PM 2.5 Monitoring Device to MQTT* (初版 ed.). 台湾、彰化: 渥瑪數位有限公司.

曹永忠, 許智誠, & 蔡英德. (2016b). *Ameba 空氣粒子感測裝置設計與開發(MQTT 篇)):Using Ameba to Develop a PM 2.5 Monitoring Device to MQTT* (初版 ed.). 台湾、彰化: 渥瑪數位有限公司.

曹永忠, 許智誠, & 蔡英德. (2016c). *Arduino 空气盒子随身装置设计与开发(随身装置篇):Using Arduino to Develop a Timing Controlling Device via Internet* (初版 ed.). 台湾、彰化: 渥瑪數位有限公司.

曹永忠, 許智誠, & 蔡英德. (2016d). *Arduino 空氣盒子隨身裝置設計與開發(隨身裝置篇):Using Arduino Nano to Develop a Portable PM 2.5 Monitoring Device* (初版 ed.). 台湾、彰化: 渥瑪數位有限公司.

曹永忠, 許智誠, & 蔡英德. (2017). *MediaTek Labs MT 7697 开发板基础程序设计(An Introduction to Programming by Using MediaTek Labs MT 7697)* (初版 ed.). 台湾、彰化: 渥瑪數位有限公司.

曹永忠, 許智誠, & 蔡英德. (2018a). *雲端平台(系統開發基礎篇): The Tiny Prototyping System Development based on QNAP Solution* (初版 ed.). 台湾、彰化: 渥瑪數位有限公司.

曹永忠, 許智誠, & 蔡英德. (2018b). *溫溼度裝置與行動應用開發(智慧家居篇):A Temperature & Humidity Monitoring Device and Mobile APPs Development(Smart Home Series)* (初版 ed.). 台湾、彰化: 渥瑪數位有限公司.

陳昱彣. (2016). 看見空氣 LASS 環境感測.

風向、風速、溫溼度整合系統開發（氣象物聯網）
A Tiny Prototyping Web System for Weather Monitoring System (IOT for Weather)

作　　者：曹永忠、黃朝恭

發 行 人：黃振庭

出 版 者：崧燁文化事業有限公司

發 行 者：崧燁文化事業有限公司

E-mail：sonbookservice@gmail.com

粉 絲 頁：https://www.facebook.com/
　　　　　sonbookss/

網　　址：https://sonbook.net/

地　　址：台北市中正區重慶南路一段六十一號八
　　　　　樓 815 室

Rm. 815, 8F., No.61, Sec. 1, Chongqing S. Rd.,
Zhongzheng Dist., Taipei City 100, Taiwan

電　　話：(02) 2370-3310

傳　　真：(02) 2388-1990

印　　刷：京峯彩色印刷有限公司（京峰數位）

律師顧問：廣華律師事務所 張珮琦律師

國家圖書館出版品預行編目資料

風向、風速、溫溼度整合系統開發（氣象物聯網）= A tiny prototyping web system for weather monitoring system(IOT for weather) / 曹永忠 , 黃朝恭著 . -- 第一版 . -- 臺北市：崧燁文化事業有限公司 , 2022.03
　　面；　公分
POD 版
ISBN 978-626-332-093-2(平裝)
1.CST: 微電腦 2.CST: 電腦程式語言
471.516　111001411

定　　價：380 元

發行日期：2022 年 03 月第一版

◎本書以 POD 印製

電子書購買

臉書